"十四五"时期国家重点出版物出版专项规划项目
新时代高质量发展绿色城乡建设技术丛书

中国建科

GREEN MUNICIPAL
INFRASTRUCTURE
TECHNICAL GUIDELINES

绿色市政基础设施技术指南

下册

市政交通/道路/桥梁/轨道交通/
隧道/空间/景观/智慧专业

中国建设科技集团　编　著

郑兴灿　主　编

中国建筑工业出版社

新时代高质量发展绿色城乡建设技术丛书

中国建设科技集团 编著

丛书编委会

修 龙｜文 兵｜孙 英｜吕书正｜于 凯｜汤 宏｜徐文龙｜孙铁石
张相红｜樊金龙｜刘志鸿｜张 扬｜宋 源｜赵 旭｜张 毅｜熊衍仁

指导委员会

傅熹年｜李猷嘉｜崔 愷｜吴学敏｜李娥飞｜赵冠谦｜任庆英
郁银泉｜李兴钢｜范 重｜张瑞龙｜李存东｜李颜强｜赵 锂

工作委员会

李 宏｜孙金颖｜陈志萍｜许佳慧
杨 超｜韩 瑞｜王双玲｜焦贝贝｜高 寒

《绿色市政基础设施技术指南》

中国建设科技集团 编著

主 编

郑兴灿

副主编

刘 静｜周国华｜孙永利｜高文学｜朱晓东
王长祥｜王 淮｜张德跃｜万玉生｜张秀华

指导专家

彭永臻｜马 军｜张 悦｜郭理桥｜李 艺｜韩振勇
史海欧｜曹 景｜戴晓虎｜徐海云｜吴凡松｜李颜强｜王 琦

参编人员								
供水	熊水应	耿安锋	赫明水	谢仁杰	邵 爽			
污水	尚 巍	陈 轶	杨 敏	隋克俭	李金国	周 丹	王双玲	
雨水	郭兴芳	刘绪为	申世峰	许 可	段 梦	马晓雨	高晨晨	
水体	王金丽	刘龙志	葛铜岗	黄 鹏	郑华清	李 檬	张 凯	
环卫	郑 苇	马换梅	陈子璇	刘淑玲	翟力新	靳俊平	聂小琴	
土壤	李鹏峰	郑华清	郑 苇	史波芬	吴彬彬			
燃气	王 艳	户英杰	杨 林	王 启	杜建梅	严荣松	杨明畅	
热力	苗庆伟	贺 璠	臧洪泉	赵惠中	孙枫然			
供电	户英杰	时 研	郑效文	吕晓津				
交通	高佳宁	孟维伟	罗瑞琪	孟昭辉				
道路	张兴宇	温永杰	陈永昊	何 佳	张建军	袁国柱		
桥梁	马雪平	孙晨然	徐 辉	徐治芹	李会东			
隧道	郭丽苹	刘治国	吴沛峰	孙晨然	甘 睿			
轨交	方新涛	吴秀丽	吴彦龙	李亚威	李亚明			
空间	吕 彦	王芳婷	叶 杨	叶志昊	高聪聪	王 垒	李世晨	柳晓科
景观	李德巍	杜隆隆	杨 光	李华锋	王国玉	李英华	胡云卿	蒋舒婷
智慧	李佳钰	朱方君	刘百锯	张 宝	高明宇	王浩正		

序一

　　党中央大力推进生态文明建设，要求贯彻新发展理念，推动绿色发展，促进人与自然和谐共生，作出了"统筹产业结构调整、污染治理、生态保护、应对气候变化，协同推进降碳、减污、扩绿、增长，推进生态优先、节约集约、绿色低碳发展"的总体部署。在新时代大发展的背景下，城乡建设领域的绿色低碳高质量发展成为必然趋势和内在要求。

　　我国城镇化进程取得了举世瞩目的成就。2022年我国城镇化率达到65.22%，预计未来还将新增数亿城镇化人口，城市建设与城乡统筹进入重要的转型期，面临新挑战，也将迎来新机遇。一方面，缓解生态环境、能源资源困境刻不容缓，城市建设不再过度追求规模和速度，而是注重质量、内涵和品质提升，注重经济、社会、环境、资源、能源、生态的全面协调；另一方面，新材料、新设备、新工艺带来工程建设的新革命，互联网、大数据、人工智能带来智慧交通、智慧能源、智慧水务、智慧城市的新模式，必将引发城乡建设与管理的深刻变革。

　　在当前的关键转型期，亟须结合新时代的新要求、新需求，聚焦城乡建设绿色低碳价值导向，总结经验，反思不足，积极探索和实践新道路、新策略。中国建设科技集团作为"落实国家战略的重要践行者、满足人民美好生活需要的重要承载者、中华文化的重要传承者、行业科技创新的重要引领者、行业标准的主要制定者、行业高质量发展的重要推动者"，一直把绿色低碳高质量发展作为重要任务，通过实践和总结，形成了"新时代高质量发展绿色城乡建设技术丛书"，其中包含《绿色市政基础设施技术指南》。

　　本技术指南由中国建设科技集团副总工程师、中国市政工程华北设计研究总院有限公司总工程师郑兴灿博士牵头编写，团队100余人，历时6年，系统深入地开展了市政基础设施全专业领域绿色低碳实施技术体系研究与应用，提出绿色市政基础设施"安全、高效、低碳、生态、智慧"发展理念和功能定位，按照国家绿色发展战略和城乡建设需求，结合规划设计和建设运维实践，突出各类设施尤其是"蓝-绿-灰"设施的共融共享与数字孪生，形成以空间为载体、景观为纽带、智慧为联络的绿色市政基础设施实施技术体系。相信本技术指南的出版，将有助于规范和促进市政基础设施的绿色低碳高质量发展，对市政基础设施的规划设计和建设运行将起到重要的引领和指导作用。

中国工程院院士、美国国家工程院外籍院士

曲久辉

2023年7月28日

序二

    城市让生活更美好，完善的市政基础设施则是实现这一美好愿望的重要保障。对一个城市而言，市政基础设施是城市正常运行和抵御自然灾害的基础保障，关乎每一个市民的日常生活。随着人们对美好生活环境品质的不断追求，对市政基础设施也相应提出了更便捷、更舒适、更美观等更高的标准要求。设施的发展往往带来能源、资源消耗的增加，全球气候变化和我国"双碳"目标要求我们在提升设施品质的同时还要绿色低碳。党的二十大作出了加快建设网络强国、数字中国的重大部署，开启了我国信息化发展的新征程，数字中国建设成为以信息化推进中国式现代化的重要引擎和有力支撑，也为城市绿色发展赋予了强大的力量。今天，信息化、数字化以及智能化已经深入百姓生活的方方面面，市政基础设施的智能化水平不断提升，绿色建设成为现代市政基础设施的必然选择。

    市政基础设施遍布城市各个场所，地上地下，在快速城镇化与城乡统筹进程中，功能与寿命不同的各类设施共同承载着社会的供给，其身份信息、健康情况和运行效能亟须通过信息化、数字化的技术手段梳理清楚，保障设施建设运行的安全高效和低碳生态。这就需要获取各类市政基础设施的地理信息并进行数字赋能，协同推进至关重要的降碳、减污、扩绿、增长。绿色低碳高质量发展离不开数字化，这也是不断提升市政基础设施品质的必然选择。

    市政基础设施是多用途地理信息的重要载体，涉及供水、污水、雨水、水体、环卫、土壤、燃气、供热、供电、交通、道路、桥梁、隧道、轨道交通、空间、景观和智慧等不同领域及专业方向，并与空间数据挖掘，地理系统建模、水文水资源、遥感与地理信息系统等学科息息相关，这些数字化信息的获取与综合应用，有助于全面提升市政基础设施建设运行及资源能源消耗的智慧管控水平。

    本技术指南提出了绿色市政基础设施发展理念及智慧市政概念，全面揭示了智慧市政建设运行的理念、技术和实践，为读者提供了探索数字化时代下城市基础设施建设与管理的重要指南。智慧市政的核心在于利用数字技术实现市政基础设施的安全高效、节能降耗、智能管控，并通过集成运用地理信息系统、建筑信息模型、物联网、大数据和人工智能等技术，使市政基础设施具备感知、决策和学习等能力，从而实现智能感知、智慧决策和智能化运维管理。

    相信本技术指南的出版，将有助于规范和促进我国市政基础设施的数字化、绿色化、低碳化高质量发展，对市政基础设施的设计建设和运行管理水平提升将起到重要的引领和指导作用。

中国科学院院士

周成虎

2023年7月28日

前言

　　面对全球气候变化的挑战，党中央作出了"碳达峰""碳中和"的重大战略部署。党的二十大提出推动绿色发展，加快发展方式绿色转型。推动经济社会发展绿色化、低碳化是实现高质量发展的关键环节。城市基础设施是城市生命线和民生福祉的重要保障，其绿色低碳高质量发展，对全面提升设施功能与服务品质，满足人民美好生活需要，增加幸福感和获得感，具有重要意义与实际价值。

　　本书所述绿色市政基础设施，指在全生命周期内，按照安全韧性、高效集约、低碳节能、生态和谐和智慧服务的理念进行规划建设和运维，对资源和能源高效集约利用，人居与生态环境充分保护，促进经济社会与生态环境可持续发展的市政基础设施。总体上按"三横"和"三纵"的体系结构进行呈现，"三横"为市政环境、市政能源、市政交通三大板块，"三纵"为市政空间、市政景观、智慧市政三个维度，以空间为载体、景观为纽带、智慧为联络，融合集成环境、能源、交通等板块的市政基础设施。

　　市政环境板块统筹供水、污水、雨水、水体、环卫和土壤各专业，生态与安全并重，高效与低碳协同，资源与能源循环，智慧与管理融合，明确各类设施功能定位，提出源头–过程–末端–管理全过程、规划–设计–建设–运维–管控全链条的绿色发展路径和技术要点。市政能源板块针对能源消费现实挑战、清洁能源政策驱动，明确市政燃气、供热和供电的不同功能定位，制定基于精细管控和绿色测评的市政能源多方向交叉技术路线，形成涵盖"源–网–储–荷"多领域全过程的技术库。市政交通板块从全生命周期出发，提出精细交通设计、无人驾驶、智慧物流、长寿命路面、装配式桥梁、新型隧道通风照明、轨道交通可再生能源利用等技术路径及方法，形成一般区域平面交叉、核心区域立体交通、地下空间综合利用、一站出行无缝衔接的系统性布局。

　　市政空间统筹各板块，以城市竖向、管线综合、市政设施为表现形式，系统制定绿色技术方法；市政景观协调分析可行实施技术，突出空间协调功能融合、人文美学共建共享、环境和谐链接多元；智慧市政提出打造市政智能体和数字孪生世界，建设细分领域的安全监管、智能巡线、安全评估、应急管理系统。

　　本技术指南由中国建设科技集团组织编写，中国市政工程华北设计研究总院有限公司给予了全力支持，还得到了众多行业专家和业内人士的鼎力支持和帮助，在此表示衷心的感谢。

　　限于编制组的学识水平与实践经验，技术指南中疏漏之处乃至错误之处在所难免，敬请广大读者批评指正，给予反馈，以便后续修正与补充完善。

郑兴灿

2023年5月22日

总目录

目录

ROAD

R

R1 – R5

市政道路

BRIDGE

B

B1 – B5

市政桥梁

URBAN TUNNEL

UT

UT1 – UT5

城市隧道

RAIL TRANSIT

RT

RT1 – RT4

轨道交通

INTEGRATED DEVELOPMENT

ID

SPACE INTEGRATION

SI

LANDSCAPE COORDINATION

L

L1 – L4

景观协调

SMART SCHEME

SS

SS1 – SS4

智慧方案

IMPLEMENTATION MODES

I1 – I6

实施模式

TD1-TD3

市政交通发展

TRAFFIC DEVELOPMENT

TD1 发展需求	TD1-1	功能提升服务保障
	TD1-2	补齐短板提质增效
	TD1-3	交通行业目标需求
TD2 功能定位	TD2-1	城市交通高效便捷
	TD2-2	市政道路低碳耐久
	TD2-3	市政桥梁安全低碳
	TD2-4	城市隧道安全耐久
	TD2-5	轨道交通快捷通达
TD3 技术路径	TD3-1	城市交通技术路径
	TD3-2	市政道路技术路径
	TD3-3	市政桥梁技术路径
	TD3-4	城市隧道技术路径
	TD3-5	轨道交通技术路径

TD1

发展需求

TD1-1

功能提升服务保障

目前我国市政交通行业依然存在安全通行保障能力不足、环境污染影响、资源低效现象明显、设施服务效能不高、智能化程度低等方面的情况。针对这些待提升与改进之处，需要以发展需求和问题解决为导向，从交通功能全面提升的角度，提出系统安全保障、增强设施服务效能等方面的技术与非技术措施。

TD1-1-1 交通系统安全保障

目前，我国城市交通基础设施的安全保障能力仍然存在不足。对于绿色市政交通系统的发展，一是提高面对自然灾害、公共卫生、重大事故等突发事件的应急能力，提升交通设施的安全弹性与交通网络的韧性空间，解决关键基础设施和技术装备的"卡脖子"问题；二是规范化、标准化交通设施的施工与养护流程，提高施工与养护过程中的安全性；三是提高交通设施系统的耐久性，充分体现绿色、长寿命、生态环保理念；四是加强对交通设施安全的管控力度，通过信息共享，进一步提高对城市运行总体安全的保障能力。

TD1-1-2 增强设施服务效能

针对市政交通基础设施体系不够完善，协调性、系统性和整体性发展水平不够高，服务能力、运行效率、服务品质存在短板等方面问题，通过提高市政交通基础设施的系统性、协同性，提升互联互通、资源共享等方面的能力，提高全生命周期的协同发展与精

细化管理水平，使市政交通设施的服务供给能够适应多样化、多元化的需求，从整体上增强市政交通设施的服务功能与效能。

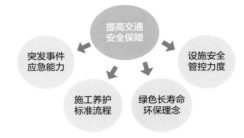

市政交通安全保障框架图

TD1-2

补齐短板提质增效

在城市建设绿色低碳高质量发展的背景下，"十四五"规划时期及更长远的未来，市政交通运输领域面临着多方面的现实挑战，一是交通运输行业发展方式有待转变，二是建设实施过程还存在多方面有待解决的问题，三是建设实施过程中"四新"技术的利用率仍待提高，四是施工、运营等方面造成的影响还需严控。

TD1-2-1 低碳减排助力绿色发展

"十四五"规划时期，我国基础设施高质量发展方式仍未全面形成，加快转变发展模式迫在眉睫。交通运输是我国实现"双碳"目标的重点领域之一。随着我国基础设施进入补齐短板、提升功能、优化服务和融合发展并重的发展阶段，未来交通行业在规划层面应倡导清洁能源的使用，提升能源的清洁化水平；需要重视公共交通，提高私家车的管控力度；建设与运营过程中应优先考虑环境、生态等问题，摒弃"先发展，后治理"的观念，加强落实施工过程中的污染防治，施工后的水土恢复、生境营造；同时提升各级主管部门的绿色监管能力，增加监测与统计分析手段，以及软硬件系统的配套。

市政交通绿色发展路径图

TD1-2-2 "四新"技术提高生产效能

目前，我国市政交通运输领域的"四新"技术创新水平尚不够高、能力保障也不足，利用效率还较为低下，难以全面支撑"十四五"期间及未来市政交通基础设施转型的任务。需要完善"四新"技术和产品推广应用的配套激励政策和工作机制，加速"四新"技术与产品的研发、验证，以及在设施建设和运行管理中的推广应用；需要建立健全市政交通运输的绿色技术服务体系，规范绿色市政交通技术产品和服务市场。需要提升全行业的总体智能化水平，牢固树立"科技是第一生产力"的观念，提高全系统全生命周期的智慧化水平和精细化管控能力，保障市政交通系统的精准智能响应与快捷品质服务。

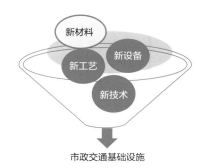

市政交通"四新"技术发展及应用

TD1-3
交通行业目标需求

从市政交通行业的自身发展角度而言，蕴藏着多方面的需求，主要包括绿色低碳战略任务需求、新型基础设施布局需求、以人为本结构需求、全生命周期管理需求等多个维度。这就需要以人的需求、体验、满意度为核心建设发展内容，把"人民满意"作为智慧交通生态、交通强国建设的根本目标。

TD1-3-1 绿色低碳战略需求

交通运输是国民经济和社会发展的基础性和服务性行业，同时也是国家生态文明建设、发展绿色低碳经济的重点领域。在过去的几十年时间里，交通运输是全球石油消耗最多，石油消费需求和CO_2排放增长最快的行业。

2020年，"双碳"目标首次提出。我国二氧化碳排放力争于2030年前达到峰值，努力争取2060年前实现碳中和。

然而根据当前的变化趋势预测，交通运输行业的二氧化碳排放在2030年难以达到峰值，我国交通运输业未来将需要承担艰巨的减排任务。同时，党的十八大已经将生态文明建设纳入中国特色社会主义"五位一体"总体布局。因此，加快交通运输行业尤其市政交通系统的绿色低碳发展具有十分重要的战略意义。

绿色低碳战略任务需求示意图

TD1-3-2 新型设施布局需求

党中央、国务院根据国内外发展态势，已经作出了着眼国内需求，以应用为导向，积极拓展新型基础设施应用场景，适应群众数字消费新需求，促进车联网、智慧城市等应用的重要战略部署。交通运输是新型基础设施创新应用的"重要平台"和"基础本底"，发挥交通运输新型基础设施发展的潜力和作用，完善新型基础设施布局，以新发展理念引领交通行业及设施的绿色低碳高质量发展。

市政交通设施以城市道路、桥梁、隧道、轨道交通及附属设施为核心组成要素，具备与互联网、5G、人工智能对接融合的基础。

市政交通新型基础设施布局示意图

TD2

功能定位

TD2-1

城市交通高效便捷

城市交通主要基于"安全、高效、低碳、生态、智慧"的理念及功能定位，强调以人为本的规划设计思想；在规划设计阶段，倡导建设安全高效快捷的城市交通网络，同时打造"公交+慢行"的出行体系；在设计实施阶段，构建"低污染、低能耗、低占地、高效率、高品质、高效益"三高三低的便捷出行系统。

TD2-1-1 打造安全高效交通网络

当前国家大力推进各种运输方式的融合发展，在全面推进交通基础设施网和服务网，信息网融合发展的背景下，需要构建安全高效快捷的城市交通网络，这对于推进综合交通高质量发展和提升城市治理能力具有重要支撑作用。在新时代新需求的发展形势下，必须优先发展绿色交通网络及相应的出行选择，引导城市空间的合理布局，人与物的安全、有序流动，让交通功能优先起到支撑城市经济和社会活动正常稳定运行的目标作用。

TD2-1-2 交通系统建设以人为本

在城市交通系统建设和运行过程中，应时刻把握"以人为中心"这一主旨，这既是实现交通资源公平分配的根本保障，也是空间定型城市交通组织的重心。由于出行者之间的交通出行需求不尽相同，对出行成本、服务水平的诉求也不尽相同。因此，在建设和运行过程中应根据设施分布、功能、使用者和交通设施属性，进行因地制宜、差异化的建设与动态运行调控。

TD2-1-3 统筹考虑绿色出行系统

城市交通存在的共性问题的明显缓解乃至彻底解决，是宜居、宜业美丽城市建设的重要组成部分，涉及城市空间、用地、人文、社会和交通设施布局等方面的综合统筹。因此，应从城市整体上进行协调统筹和系统化施策，不能局限于"就交通论交通"，而是综合各方面的影响因素，全方位全时态地为出行者打造绿色且舒适便捷的出行系统。

TD2-1-4 构建低碳集约出行结构

以步行、自行车、公共交通为主的绿色交通出行方式，更加低碳集约，在交通拥堵成为大城市交通主要问题时，有竞争力的绿色交通发展有助于缓解城市交通短板问题。在应对全球气候变化的总体目标下，城市交通作为碳排放的主要领域之一，要通过绿色交通的发展，降低城市交通的总体碳排放量，这也是应对全球气候变化的重要手段。

TD2-1-5 提升智慧管控发展水平

交通信息化、智能化是当前时代发展的必然趋势，智慧化的交通基础设施建设能够为交通系统建设提供持续性、时效性的技术支持，使交通安全、高效、绿色等系统目标能够更加有效地实现，能为交通使用者提供便捷舒适的出行服务，能为交通管理提供高效的管理手段，能为交通服务者提供高效的技术支撑。

集约交通绿色出行模式图

TD2-2

市政道路低碳耐久

绿色市政道路应以生态学为基础，综合考虑设计、施工、运维、管理的全过程，达到"安全耐久、节能低碳、资源节约、生态和谐、智慧高效"的功能定位，最大限度地减少道路建设与运营过程对生态与人居环境的影响，实现人、车、路、环境之间的相互和谐统一，为人们提供高品质的道路环境使用空间。

TD2-2-1 保障道路安全耐久

提升道路的安全耐久水平，一方面要做到行人、车辆各行其道、有序交会、安全共享，保障交通活动有序进行，需要人、车、路的时空协同，为行人提供畅通的通行空间；另一方面要以工程质量安全耐久为核心，注重"建、管、养、运"并重，积极探索新材料、新技术优化路基路面结构，构筑安全舒适、品质耐久的市政道路系统。

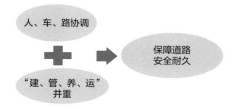

市政道路安全耐久核心概念图

TD2-2-2 提升节能降耗能力

提升道路建设与运维的节能降耗能力，要最大限度节约能源、降低排放，尤其降低对生态环境的影响。需要以清洁能源应用为核心导向，优化能源结构；积极创新应用节能技术、改造提升施工设备，提高能源利用效率，降低环境污染；构建出全过程的碳排放管理体系，减少污染物排放，打造低能耗、低排放的市政道路系统。

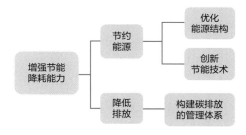

市政道路节能降碳概念

TD2-2-3 提高资源利用效益

提高资源利用效率与效益，需要协调道路交通和土地利用的关系，集约利用土地及空间资源、水资源和其他物质材料，提升利用效率与效益。须统筹考虑道路的红线宽度，整合各类设施布置，塑造紧凑的道路空间；综合利用水资源，推行废旧路面、固废材料的高效循环利用，提升资源利用率，助力可持续发展的市政道路系统的建设。

市政道路资源利用要素示意图

TD2-2-4 促进路域生态和谐

促进路域人文生态和谐，就是要结合道路周边的人文、自然特点，融入周边环境，降低自然破坏，使人工环境与自然环境有机相容。从空间尺度、植物选取、材料配置等方面，加强与周边环境氛围和文化要素的整体关联融合，打造人文生态道路；同时以尊重自然、保护自然、恢复自然为目标，从维护水土环境、空气环境、声光环境等方面营造和谐生境，创建绿色生态、自然和谐的市政道路系统。

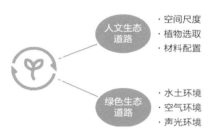

道路生态和谐要素示意图

TD2-2-5 强化建养智慧服务

强化建养智慧信息服务，就是要将智慧理念贯彻到道路的全生命周期，以数字化、智慧化、创新化为指导原则，尽可能提升道路设计、建设、运营的智慧化水平和精细化管控能力。普及BIM技术的全过程应用，提高设计、运维效率；加强智慧化感知手段，实现智慧监测设施在建设、运维过程的全覆盖，构建智能响应、高效快捷的市政道路系统。

TD2-3

市政桥梁安全低碳

城市桥梁除了满足最基本的通行功能外，还需承担城市发展、延续城市文脉等多方面属性要求；以轻型化、工厂化、标准化、装配化、信息化为指导原则，将"安全、低碳、节约、生态、智慧"贯彻桥梁建设全生命周期，打造安全耐久、节能低碳、可持续发展的绿色工程，实现市政桥梁的安全低碳目标。

TD2-3-1 保质保量安全耐久的桥梁

绿色桥梁设计的基本要点是确保桥梁结构全生命周期内的安全性、适用性和耐久性，最大限度降低对周围环境的影响，以及达到最优的经济合理性。在桥梁耐久性设计方面，要求在大气影响、化学侵蚀等环境因素及材料内部因素叠加作用的情况下，也能够保持正常使用功能且具有区别于传统设计理念的一些新属性，即可控性、可检性、可修性、可强性、可换性及可持续性。

市政桥梁安全耐久框架图

TD2-3-2 现代化的绿色施工技术

在减小对环境的影响方面，要求结构形式与环境协调、尽量减小对自然景观的破坏。尽可能采用模块的设计方法，使桥梁构件便于在预制场地集中生产，最大限度减少现场施工对环境的影响，以及对正常交通的干扰。采用标准化的、环境友好的施工工艺，如清水混凝土技术、污水集中处理技术、预制装配式建造技术等，使桥梁施工对周边环境的干扰和污染降到最低。

市政桥梁绿色建设技术要素

绿色建设技术	1. 预制装配式建造技术
	2. 清水混凝土技术
	3. 污水集中处理技术
	4. 新型模架技术
	5. 多功能高性能混凝土技术
	6. ……

TD2-3-3 能源节约资源充分利用

　　绿色桥梁设计过程尽可能选用简化的产品结构、可回收再利用的可再生资源，施工过程中要实现节能、节地、节水、节材和环境保护，即"四节一环保"，倡导使用节能、节水、对环境污染低、利于生态环境平衡的施工技术，提升资源能源的有效利用率。

TD2-3-4 生态协调绿色环保的桥梁

　　在保持传统施工方案所要求的社会效益、经济效益的同时，要注重追求与环境效益相协调，充分考虑周围的生态环境，遵循能源的可持续发展，以尊重自然、保护自然、恢复自然为建设目标，最大限度降低对环境的影响和能源的消耗；从而实现低成本、低污染、低耗能的目标。

TD2-4

城市隧道安全耐久

　　城市隧道作为城市公用基础设施的重要组成部分，直接关系到城市交通发展和社会公共安全。为使城市隧道建设运营全过程安全高效，应保证结构可靠安全耐久、推进节材节能低碳降耗、节约集约利用资源土地、保持水土环境友好、加强智慧运营管理服务。

TD2-4-1 结构可靠安全耐久

　　城市隧道修建于城市地面以下，主要用于机动车辆通行。隧道具有隐蔽性和力学状态的不确定

性，对地下环境影响大，施工和运行条件受多方面约束。因此，对隧道结构的耐久性、可靠性及维修性与便捷性都提出了很高的要求，合理选择结构形式和施工方法，是隧道结构可靠耐久性能提升的关键保障。

TD2-4-2 节材节能低碳降耗

　　隧道建设过程中应优先采用节能环保技术，如：LED节能照明技术、照明智能控制系统、隧道通风节能技术、隧道弃渣综合利用技术、装配式技术等，实现绿色隧道系统在全生命周期内的资源节约和环境保护，提升低碳降耗能力。

城市隧道节材节能要素

TD2-4-3 集约利用土地资源

　　合理利用城市地下空间，为居民生活和活动构造良好的环境。城市隧道修建于城市的地下，可以减少地面资源的利用，节约地面上部空间，扩大地面绿地面积，保留必要已建建筑。合理利用隧道空间，将部分管线引入隧道，减少管线修复开挖，提升土地空间的使用效率。

TD2-4-4 保持水土环境友好

　　城市隧道的修建，应采取适当的洞口设计，降低对洞口周边环境的影响；隧道弃渣应合理利用，降低弃渣堆放造成的土地浪费及土壤污染；隧道施工废水和施工涌水应处理后排放，避免污染地下水；隧道洞口及隧道内壁应进行必要的景观设计，实现隧道内的车、人安全舒适。

城市隧道节约集约利用资源要素

TD2-4-5 加强智慧运营管理服务

　　加强市政基础设施数字化管理能力，将大数据、物联网、视频分析、数据挖掘等相关技术应用到城市隧道场景中来，快速提高城市隧道的安全、快速、绿色运输和智能管控的能力。

TD2-5
轨道交通快捷通达

　　轨道交通是城市基本职能和物质基础的重要组成部分，城市发展与城市交通运输具有相辅相成、相互制约的密切关系。轨道交通促进了城市的发展，交通技术水平应与城市发展相适应，快捷通达会加快城市的发展节奏，因此，各大城市应加强快捷通达的轨道交通网络建设。

TD2-5-1 线网规划统筹实施

　　根据《城市轨道交通线网规划标准》GB/T 50546，线网规划应结合城市人口流动特点、城市近远期规划要求和财政收入能力以及计划轨道交通出行比例等因素，采取多制式轨道交通相结合的方式，在最大限度节省工程投资的前提下，实现线网指标的稳步提升。

　　车站的选址和总体布局应符合所在地城市规划、城市综合交通规划、环境保护和城市景观的要求，以半径500m辐射周边，线路采用高架站或者地下站。建设规模应按预测的远期客流量和列车最大通过能力确定。

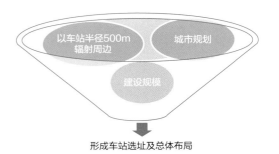

车站选址和总体布局要素

TD2-5-2 轨道交通空间布局

　　通过城市设计的协调，将城市轨道交通站点与周边物业合理结合进行设计、开发和建设，从而充分利用轨道交通车站所聚集的大量人流，所提供的交通可达性和充足的地下空间容量，以及由此创造的公共活动与区位经济优势，来促进城市集约化的发展。车站合理结合周边建/构筑物进行建设。

　　以站点为核心的一体化设计是指以站点为核心的城市节点的一体化设计，包含了对车站、车站上盖或周边地块商业开发、地下空间、交通接驳设施、城市公共空间环境及景观与其他市政设施的一体化设计。这是轨道交通一体化在技术层面的主要组成部分。

　　尽量运用以公共交通为导向的开发（简称TOD）的理念，实现土地高效集约利用，引导居住就业中心向轨道站点集中，建立一个与轨道交通网络相协调发展的紧凑高效的空间格局，保证城市空间增长与TOD开发策略相互协调，支持城市经济社会发展模式的转变。

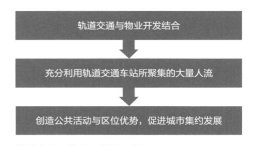

轨道交通一体化开发流程图

TD2-5-3 智慧建造监管系统

乘客信息系统应朝着网络化的方向开展工作。通过数据实时采集、分析运算及多载体的信息发布渠道，为广大的市民提供覆盖全网络的以实时运营状态信息为核心的多种信息服务，帮助其有效的出行和快捷的换乘，为高效的运营决策指挥提供数据基础；并通过公交一体化的数据交换为公交互补、应急处置奠定良好的基础。

综合安防系统中主要以视频监控系统为核心，目前全球视频监控系统正向数字化、网络化和智能化的方向发展。随着轨道交通网络化系统的形成，视频监控系统设备数量众多带来的维护量和使用效率问题，必然催生智能视频分析功能的应用需求。同时随着全数字高清图像技术的应用，智能视频的分析效果也将明显提升。

构建综合安防系统

综合安防系统的发展方向

TD2-5-4 增强交通接驳效率

各种交通方式应相互补充和协同发展。交通方式之间的接驳换乘问题也是多方式组合协调发展的核心问题。通过良好的换乘系统，建成各种交通方式一体化的交通系统，充分发挥其大运量、快速、准时的优势。

协调轨道交通是为了使不同交通方式之间实现方便的接驳，缩短换乘距离、减少换乘时间并节省换乘费用。轨道交通车站作为城市交通枢纽，也是从物质上满足换乘空间减少的条件，不同的交通方式之间或同种交通方式不同线路之间，在轨道交通车站可以实现短距离的换乘，轨道线路之间可以实现同台换乘，轨道车站与公共汽（电）车紧密接驳，实现无缝换乘；缩短了换乘距离、节省了换乘时间。

市政交通接驳的关键要素

TD3
技术路径

TD3-1
城市交通技术路径

城市交通以路网安全、韧性保障为底线，旨在构建以"公交+慢行"优先的高品质出行系统，同时强调土地的混合、集约化利用，倡导土地的TOD开发模式，为出行者营造绿色、生态的出行环境，高效便捷的出乘方式，通过着力于智慧交通的建设，提升智慧交通在绿色交通系统中的关键支撑作用。

TD3-1-1 路网安全保障韧性

城市交通网络除了起到支持经济社会正常运行与快速恢复外，还起到支撑重大突发事件的应急保障。一方面，通过优化道路网络整体布局来解决城市路网布局不合理的问题，相应增强交通系统的稳定性与安全性；另一方面，完善道路连接网络，通过打造道路交通微循环、构造全路网体系、提高路网可达性等角度来解决路网联通不畅的问题，以保证在满足日常高效通行的前提下，对重大突发事件时能快速作出响应；加强韧性交通的配置，通过加强安全设施配置、特色交通标识设计、智慧化交通工程设施等提高路网的韧性，为重大突发事件提供支撑。

TD3-1-2 慢行优先品质打造

在"以人为本"的理念下，规划阶段提出构建连续安全的步行和自行车交通系统，提出高密度的慢行道路系统、便捷行人二次过街系统、连续舒适的自行车道系统的规划设计；同时，针对机动车道路上采用稳静化设施，从车速控制和交通量两个角度来达到道路安全运行的目的；其后，还需要针对慢行道路本身，研究提出相应的设计原则及具体的分级要求。

TD3-1-3 公交引导用地开发

公共交通是城市中重要的基础设施，在规划、设计、运营阶段均应提出相应技术措施。在土地开发利用模式上，倡导TOD模式。在规划阶段，构建以大运量、高效率、环境友好的轨道交通为骨干，配合步行及地面公交接驳，从而减少市民出行对地面交通和私家车的需求；在土地利用方面，要以轨道交通车站为中心，尽量进行高密度的开发建设，使周边土地的利用价值最大化。

TD3-1-4 节能降碳绿色交通

为贯彻落实"碳达峰、碳中和"的"双碳"目标任务，交通领域大力推广清洁能源车辆。在交通规划设计过程中，对市政交通系统进行设计时，应充分考虑各类充电基础设施的建设和维护，做好公共停车场、路内、家庭配建等各类清洁能源车辆的配套充电设施的规划设计工作，以保证清洁能源车辆得到较好的服务。在市政道路设计方面，应根据道路断面形式确定相应的绿化带类型，满足在道路规定范围内种植的树木不影响驾驶员的视线，保证行程的安全，且能起到引导驾驶员视线的功能。

TD3-1-5 智慧管控车路协同

智慧交通是未来的发展趋势，主要包括交通设施的数字化、交通管理的数字化、车路协同智慧出行、创新推动智慧物流等方面。通过建立智能交通控制、智能公共交通、智慧灯杆等系统来实现交通设施的数字化；通过交通治理水平、城市管理水平等两个层面来实现交通管理的数字化；通过搭建车路协同系统构架、统一标准体系、构建示范区来实现车路协同智慧出行；在货物运输方面，以物联网为依托，搭建高效率、低成本、可持续的智慧物流体系发展。

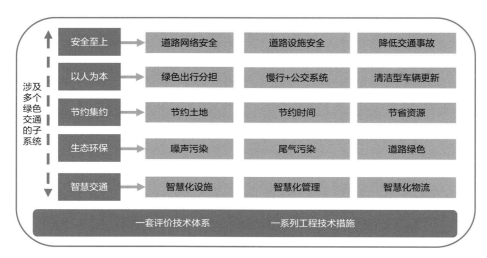

城市交通绿色发展技术路径

TD3-2

市政道路技术路径

> 绿色市政道路应遵循低碳、耐久的可持续发展理念，在道路全生命周期内，综合运用各项新工艺、新技术、新材料、新方法，最大限度地控制各类资源占用，降低工程建设及运行维护中的碳排放，提升道路建设品质与运行效率，形成结构安全耐久、行车舒适高效、景观和谐美丽的绿色市政道路系统。

TD3-2-1 建养并重保障安全

绿色市政道路应注重从设计、施工、养护的全过程及全生命周期提升道路安全性。具体技术路径：一是系统优化断面设计，通过优先保障慢行空间、快慢交通适度隔离等措施，提供安全、畅通的通行空间；二是保障道路设施质量耐久，通过强化路基质量、多维提高路面功能、统筹兼顾管线设计等措施，降低安全隐患；三是有序规范道路施工，通过工艺、工地及管理的标准化措施，确保施工作业的规范性，提高施工质量；四是科学做好前瞻养护，通过定期检测和预防性养护，实现道路服役性能的提升与时间的延长。

TD3-2-2 多能互补特色减排

绿色市政道路应积极探索减排之路，提升节能降耗能力。具体技术路径：一是创新应用清洁能源，使用太阳能、风能、地热能、水能等新能源替代传统化石能源，从源头进行减排；二是积极推广温拌沥青、冷补养护、智慧照明等绿色节能新技术，积极探索基于碳排放核算的管理机制，从项目-分部分项-工序等不同层级进行道路全生命周期的碳排放量测算，提出具有针对性的减排措施，进而控制建设与运营过程的排放。

TD3-2-3 集约节约利用资源

绿色市政道路应统筹资源利用，推动交通资源利用方式由粗放型向集约型、节约型转变。具体技术路径：一是集约利用土地资源，通过道路空间集约布置、统筹占地及土石方调配等措施，减少土地资源占用；二是多频构建节水举措，通过合理布设道路海绵设施、生产生活排水再利用等措施，实现"渗滞蓄净用排"的良性生态水循环，节约水资源；三是高效引领材料利用，注重废旧路面、废旧轮胎、建筑垃圾等材料的资源化利用，提高材料的利用效率与效益。

TD3-2-4 路景交融和谐一体

绿色市政道路应以尊重自然、保护自然、恢复自然为建设运维目标，打造和谐、优美的路域环境。具体技术路径：一是打造生态人文道路，通过对市政基础设施、绿化景观搭配、沿线建筑及人文风貌等要素有机融合，营造路景交融的空间；二是全力营造和谐生境，通过保护生物栖息环境、防治空气及噪声污染，最大限度降低对环境的干扰及破坏，促进道路与自然环境的和谐共存，提升城市环境的整体品质。

TD3-2-5 智慧驱动提质增效

绿色市政道路应将前沿信息技术与道路发展需求有效融合，积极应用BIM模型、物联网、云服务等数字化手段，促进市政道路设施高质高效、创新智慧转型升级。具体技术路径：一是在全生命周期创新运用BIM模型，打通工程设计、施工、运维不同阶段的数据交换，提升效率效能；二是构建智慧工地、智慧运维管理系统，实现施工标准化、运维智慧化，提升项目服务效能。

市政道路绿色发展技术路径

TD3-3

市政桥梁技术路径

市政桥梁应基于全生命周期的理念，从安全、高效、低碳、生态、智慧五个维度，建立完善的技术创新与推广应用路径，实现安全耐久、预制拼装、绿色低碳、智慧管控技术的不断创新发展，资源的循环利用，全面增强市政桥梁工程的科学性、实用性及环保性能，提升市政桥梁的经济与社会效益。

TD3-3-1 安全耐久质量可靠

绿色桥梁必须强调桥梁对安全行车和安全运输目标的保证。坚持全生命周期绿色理念，通过对环境、桥梁的全面研究，充分考虑可预知的各个荷载及环境影响因素，完善桥梁设计理念，保证桥梁使用的安全、耐久性，降低桥梁在整个生命周期内对自然生态环境的干扰及潜在危害程度。加强对桥梁的绿色设计，从建筑材料的有效选择、结构体系的优化设计、桥梁细节设施设计到后期的桥梁养护，加强桥梁防腐设计，重视桥梁超载及疲劳损伤分析研究问题，全面提升桥梁结构的安全度，确保其与客观环境和谐相处。

TD3-3-2 预制拼装持续发展

为响应国家建筑工业化、节能减排、可持续发展

的战略导向，采用预制拼装法。预制拼装通过新方法、新材料、新工艺和新技术的推广应用，最大限度利用工程建造过程中的人力、物力及财力，合理调配施工各阶段资源，充分实现标准化设计、工厂化制作、机械化施工及信息化管理。

预制拼装法主要包括：一是根据建设条件、结构受力情况、耐久性要求、施工特点、经济性、运营养护条件等因素选择装配式桥梁结构形式、跨径布置；结合结构受力及构件的预制、运输、安装等因素划分预制单元，进行标准化设计；二是根据结构形式、抗震设防烈度、运输、拼装等因素选择连接形式，合理划分预制构件；采用模块化设计，提高部件的通用性；三是合理运用BIM技术，在设计、施工等阶段，建立三维模型，指导施工，实现结构装配化。

TD3-3-3 节能低碳节约资源

积极利用现代化的绿色施工技术，采用新型的建筑工程材料、施工工具。桥梁设计应充分考虑所用资源的再生能力，尽可能地选用可再生资源，通过循环使用，最大限度地节约利用所选资源。在保证结构使用年限的同时，施工过程中最大程度降低环境扰动及污染影响，保护沿线生态环境，加强自然要素的恢复。

TD3-3-4 生态景观交融和谐

绿色设计同时被称为生态设计、环境设计。绿色

桥梁建设应充分考虑周围的生态环境，遵循能源的可持续发展，以尊重自然、保护自然、恢复自然为建设目标，最大限度降低对环境的污染，对能源的消耗；从环保生态的理念出发，实现低成本、低污染、低耗能的设计目标。

TD3-3-5 智慧高效智能管养

绿色桥梁从全生命周期出发，以BIM和智能感知技术的融合为核心，以互联网、云计算等先进信息技术为手段，构建桥梁设计、建造和管养不同阶段的数据链生态体系，实现设计、建造、可视化、智能化、精益化的全生命周期管理。

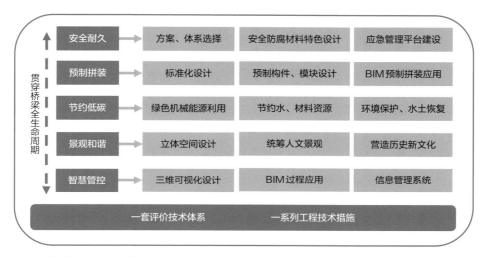

市政桥梁绿色发展技术路径图

TD3-4

城市隧道技术路径

城市隧道是打通居民出行断头路的方案之一，能够有效提高居民出行效率。为使城市隧道建设运营的过程中安全高效，降低隧道对周围环境及建筑物的影响，应做到结构稳定保障安全，响应低碳要求，采取节能措施，统筹设计节约资源，保持环境友好，保证品质提升，全程实现智慧高效管控。

TD3-4-1 结构稳定保障安全

安全是城市隧道使用的最基本要求，只有保障隧道安全，才能提高城市交通运行效率，提高居民出行服务水平。结构稳定是保障隧道安全的基础。选取适当的施工方法，采取及时恰当的施工支护，选用耐久性良好的施工构件，并对隧道病害进行及时处置是隧道耐久性的必然要求。

TD3-4-2 节能措施响应低碳

城市隧道建设应采用新技术、新工艺，降低碳排放，响应国家"碳中和、碳达峰"要求。隧道系统庞杂，附属设施繁多，用电量较大，尤其照明、通风等系统，采用节能设施，运用节能技术，对降低能源消耗具有重要意义。

TD3-4-3 统筹设计节约资源

在隧道建设过程中，采取节约资源的措施，是可持续发展，建设绿色隧道的必由之路。采取装配式施工，采用绿色建材，增大材料重复利用，减少有毒有害气体排放，可减少资源浪费、加快施工效率，降低环境污染。

TD3-4-4 环境友好品质提升

城市隧道洞口设计应与周围环境协调，因地制宜，体现地域文化特色；洞内通过装饰板、涂料、灯带、彩绘等方式美化洞内景观环境。良好的隧道环境，可减少驾乘人员压抑感受、避免驾驶人员紧张情绪，提升行车舒适性。

TD3-4-5 全程管控智慧高效

运用智慧化、智能化、低碳化手段，对隧道全程管控，可提高隧道施工效率，降低施工事故发生率，保证隧道施工安全，保障隧道高效运行，快速处置隧道病害，实现车辆智慧引导，高效抓拍违章车辆，异常情况及时报警等功能。

城市隧道绿色发展技术路径

TD3-5

轨道交通技术路径

城市轨道交通推广应用的多，就可以相应减少地面汽车的使用，从而减少整个社会的碳排放量，发展轨道交通对有效降低全社会碳排放量具有重大促进作用；在轨道交通的设计、施工、运营等不同阶段，还可以采用绿色建造与运行技术，为全社会降低碳排放作出贡献。

TD3-5-1 线网规划保障发展

城市轨道交通具有引导城市空间发展、促进城市土地开发的作用。因此，城市轨道交通线网布局与城市空间结构吻合，与城市用地功能布局相协调，可使轨道交通建设发挥引导城市空间和用地功能布局优化调整的作用。

城市轨道交通线路的规划应纳入城市规划管理中，轨道交通的线路设计应结合城市的发展规划，用轨道交通带动和促进城市的发展。轨道交通线路的站点作为城市总体规划中的枢纽点，有强大的客流作为支撑点，起到组织和疏导城市客流的作用。

TD3-5-2 物业开发提升效益

随着城市发展，轨道交通对沿线的土地价值的提升越来越被人们所重视，地铁物业开发大致分为车站内物业开发、车站周边物业开发、车站上盖物业开发三类。

轨道交通站点及周边开发类型

TD3-5-3 节能降耗生态环保

节能降耗、绿色建造是在工程建造过程中体现可持续发展的理念，通过科学管理和技术进步，最大限度地节约资源和保护环境，实现绿色施工要求，生产绿色建筑产品的工程活动。在轨道交通工程的建设中，如今已通过各种技术开始实现绿色建造。

地铁系统在投入运营后，最大的运营支出为电费，且远远超出其他运营费用。而电能具有看不见、听不见、闻不到、摸不着的特殊性，管理较困难。为了能更好地科学主动调度支配电能，实现简单便捷的管理与节能的双赢，可考虑引入各类智能监控技术及系统，主要涉及能源管理系统、智能照明控制系统、低压智能系统、变电所设备温度在线监测系统、UPS电源在线智能监测和维护系统等。

轨道交通智能监控系统构成要素

TD3-5-4 智慧建造智能升级

智能交通是融入了智能感知、物联网、云计算、大数据、移动互联网等新技术，通过汇集交通信息，提供实时交通数据的交通信息服务。大量使用了数据模型、数据挖掘等数据处理技术，实现智能交通的系统性、实时性、信息交流的交互性以及服务的广泛性。

部分类型甚至全部类型的车辆可以采用全自动无人驾驶系统，车辆功能与性能满足全自动无人驾驶系统的可靠性、可用性及安全性要求。

车辆设置智能分析系统，能够自动采集和分析车辆设备状态进行故障检修。

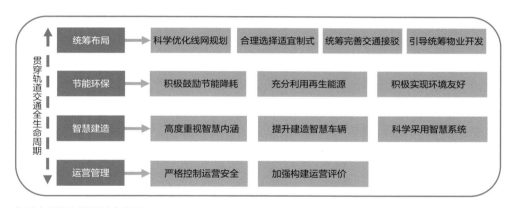

轨道交通绿色发展技术路径

T1-T6

城市交通

TRAFFIC

T1

快捷高效

T1-1

优化路网整体布局

为解决道路等级结构不合理、路网密度偏低、路网衔接不畅的短板，可通过构建"外路内街""窄路密网"的路网布局结构，提升市政交通功能的效率及街道的活力；道路网络衔接方面，构造快慢融合的多层次路网，保证系统协调性；从打造快慢分离、机非分离道路系统等方面，提出具体技术措施。

T1-1-1 外路内街窄路密网

为使城市道路交通路网满足机动车、非机动车、行人出行的交通功能需求，追求机动车快捷畅通、行人非机动车安全便捷、居民出行服务通达舒适。城市道路系统规划设计中要尽量满足交通出行路线组织的多样性、距离最短和路网容量的最大化，并为城市交通组织提供尽可能多的选择。市政道路系统要按照不同地区城市活动的特征，尽量落实"窄马路、密路网"理念，在人口与就业密集的城市中心区，道路系统的密度不宜小于8km/km²。

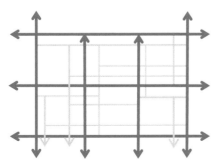

中心城区"窄路密网"路网示意

T1-1-2 快慢融合多层次路网

在城市路网的规划设计层面，对于快速交通，应优化市域快速路网，保证城市外围道路网络的畅通；对于城市内部道路，应提高内部路网的通行能力，重点加快城市支路网络建设，分流主干道交通压力。

在公共交通层面，要优先实施城市轨道交通，同时建设快速公交或有轨电车，实现城市组团间的无缝衔接，进而推进市区空间整合；建立城市慢行系统，规划建设市域绿色和生态廊道，改善步行、自行车的出行条件，重视慢行系统的基础设施建设，实施公共自行车服务系统，与公共交通有机衔接，打造绿色慢行通道。

T1-1-3 人车分离道路系统

对于城市核心区的内部交通节点，可根据节点重要程度，设置不同的行人过街方案，保证行人的安全与方便；在主要人流集中的地区，推荐采用半下穿通道方案，实现行人最便捷地通过；在人流量较少，改造主线较困难的地段，采用天桥方案，同时采取如设置电动扶梯等手段，实现行人出行的便捷。

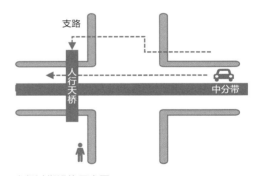

人行过街设施示意图

T1-1-4 机非分离道路系统

按照自行车、公交车、轨道交通、出租车和私家车的顺序，把非机动车放在首位，提高对非机动车的重视程度。在设计阶段，基于人性化的道路设计原则，应尽可能保证非机动车道的宽度。具体布置方式为：在机动车道两侧对称布置，通过在机动车与非机动车道之间划线或者设置分隔带护栏，以保证非机动车道的安全性以及提高机动车道的运行速度，减少相互干扰。

T1-2

完善道路连接网络

完善的城市道路网络不仅能给人们的出行带来方便，而且减少了各类交通事故的发生率，提升区域吸引力，促进城市的更好发展；在城市道路建设时，应着重打造健全的全路网体系；对于现状已建路网，着重打通断头路，提升道路微循环组织能力，形成"四通八达"的道路网体系。

T1-2-1 疏通瓶颈畅通道路

目前大部分市政道路网基本建成，现阶段的主要任务是对道路网的不断优化，打通"断头路"、疏通"瓶颈路"，一方面能够持续提高交通综合治理水平，改善城市交通拥堵状况，另一方面能够提高路网的可靠性，便于城市防灾减灾，快速疏解客流。合理衔接各片区路网，提高路网的密度及支路网的利用率，形成微循环。建成主次干道比例均衡、路网密度合理的道路系统，分流主干道交通量，缓解城区交通压力。

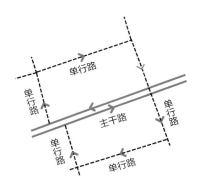

单行路交通组织形式示意图

T1-2-2 打造全路网体系

所谓全路网，是指除城市快速路、主干路、次干路、支路等市政道路外，还包括可供步行、自行车开放通行的绿道、步行街、较窄的胡同、街坊路等道路构成的网络。

为了落实"以人为本"的设计理念，让人的出行更加便捷、舒适、更有活力，首先从规划、设计环节入手，实现"从道路到街道"的转变，转变路网规划

思路，将原来以机动车为导向的规划理念，转向优先考虑可供步行、非机动车等所有出行者通行的全路网构建。

全路网体系示意图

T1-2-3 提高路网承载能力

我国部分城市开始进入存量规划阶段，城市用地的规模和范围不变，但是空间关系和交通需求，仍然处于结构变化和持续增长的过程中。如何持续提升有限国土空间中的城市活动和社会经济要素的承载力，是存量规划阶段交通系统的重要责任。可以采用的具体主要技术措施包括：改善交通系统自身的瓶颈，调整需求时空分布结构，改变空间活动模式等。

T1-3

加强韧性交通配置

"韧性交通"意味着各类交通基础设施将进一步向综合立体、结构优化、资源集约、衔接高效、互联互通的方向发展；各方应及时推动综合交通基础设施网络一体化管控建设，确保全天候下均有较好的系统安全性，作好系统风险和区域风险防范，并在面临突发事件时，具有相应的抢险、应急和保障能力。

T1-3-1 加强安全设施配置

为了防止交通事故的发生，保证交通顺畅，全面发挥市政道路的应有功能，必须设置相应的交通安全措施。交通安全设施的设置要人性化，让违规车辆、行人减少事故伤害，以及二次伤害的发生。目前比较常见的安全设施包括防眩板、隔离护栏等。其中，防

眩板要选用高度适宜，耐候性强的品种；隔离护栏应注重柔性设计，提升行车安全保障程度。

安全隔离设施布置图

T1-3-2 增强交通标识设计

当机动车交通与步行交通或非机动车交通混行时，应通过交通稳静化措施，将机动车的行驶速度限制在人行或非机动车安全通行速度范围内。

自行车专用道涂上鲜亮的颜色加以区分，部分车道还可做高出10cm左右的抬起式路面设计，并用路缘石隔开，免去机动车越道现象，有效地避免其对自行车行驶的干扰；前置自行车等待区，自行车停止线稍微提前，信号灯区别于机动车，可以早于机动车信号灯变绿，自行车可以红灯拐弯，自行车能在部分单行道享有逆行等特权政策，保证自行车的高效行驶，提高自行车的优越性。

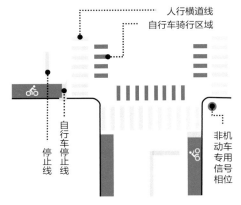

交叉口特色交通标识设计示意图

T2
和谐舒适

T2-1
合理规划慢行系统

城市交通应构建连续安全的步行和自行车交通系统，明确步行和自行车专用网络布局和控制要求；在规划阶段，绿道系统应与市政道路上布设的慢行系统通行空间顺畅衔接；在设计阶段，慢行系统通过主干路及以下等级市政道路交叉口，应选择平面过街形式；穿越城市快速路时，应设置立体过街设施。

T2-1-1 高密度的慢行道路系统

保证城区内非机动车道路网密度，慢行交通网络是规划设计的关键，按照人们不同的出行目的与需要，规划联系不同活动场所的各类慢行廊道，构建便捷的慢行网络，便于提供多样性的慢行服务。在规划阶段，应根据不同的慢行分区，针对慢行交通体系的不同组成部分，提出规划设计要求，依据效能评估，决定改善次序，分批推进，循序渐进；并对中远期的慢行设施规划设计提出指引性建议。

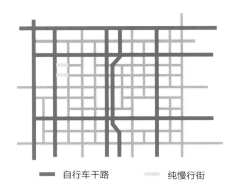

—— 自行车干路   —— 纯慢行街

慢行道路体系结构示意图

T2-1-2 行人过街安全设施

当人行横道长度大于16m时（不包括非机动车道），应在分隔带或道路中心线附近的人行横道处设置行人过街安全岛，安全岛宽度不应小于2.0m，困难情况下不应小于1.5m。安全岛可以设置为由双黄线划出的非实体结构，也可利用隔离带或绿化带等设置为实体结构。为保障过街行人的安全，还应该设置包括警示牌、减速带、立柱、黄闪灯等配套设施。

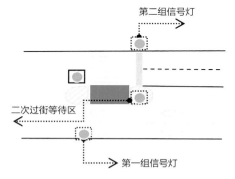

行人过街设施示意图

T2-1-3 连续舒适的自行车道系统

自行车道路网络的规划宜结合总体规划进行，保证慢行系统的连续和一致，并针对不同性质的土地开发给骑车人提供相应的服务性功能，以此鼓励骑行。各种慢行设施应根据自行车的流量和流向为依据，同时结合沿线土地开发，综合确定各种类型的设施所需要的宽度，且应保证骑行环境安全舒适，提供良好有序的道路附属设施及沿线景观，且能方便地与公共交通换乘，最大限度地减少换乘所需时间。

非机动车道系统设计要素

T2-2
慢行道路系统分级

> 充分整合建筑前区、沿河绿道和特色街巷等道路红线外空间，串联公共活动中心，形成系统、完整、连续、高品质的休闲步行和骑行空间；保证非机动车停车点与所有公共汽车站的换乘距离均不超过100 m，在重要的人流聚集点周边设置地下非机动车立体停车库，确保所有非机动车有空间、有秩序停放。

T2-2-1 自行车道路分级要点

除快速路的主路外，城市各等级市政道路应设置自行车道。具体分级可综合考虑现状及预测的自行车通行便捷的交通特征、所在自行车交通分区、城市道路等级、周边建筑和环境等要素，将自行车道路划分为三级。设计过程中，应综合考虑城市道路等级和自行车道功能分级，设定自行车道宽度。

T2-2-2 慢行绿道系统分类要点

1. 路侧绿道绿荫覆盖最大化

按照机动车道路和绿道的建设规划，根据步行和自行车的交通量分析，确定沿机动车道路的绿道宽度。绿道两侧植物的选择，应首先考虑植物根系对路面、路下管线的影响，种植高大的乔木，可为绿道系统遮风挡雨。乔木的种植间距不宜过大，并采用错位种植方式，实现绿荫覆盖的最大化，为行人和自行车使用绿道系统提供舒适的条件和环境，以吸引更多的行人和自行车骑行者使用。

自行车道的等级划分

自行车道等级	自行车道宽度	隔离方式
自行车专用路	单向通行不宜小于3.5m，双向不宜小于4.5m	应严格物理隔离并采取有效的管理措施禁止机动车进入和停放
一级	3.5～6.0m	应采用物理隔离
二级	3.0～5.0m	应采用物理隔离

续表

自行车道等级	自行车道宽度	隔离方式
三级	2.5～3.5m	主干路、次干路应采用物理隔离，支路宜采用非连续物理隔离

2. 社区绿道串联游憩需要

社区内的绿道网络串联各大片区和重要公园和景观水体，满足城区内部交通和旅游、休憩等功能需要。在设计过程中，绿道宽度同时满足步行、自行车和消防通道要求，并在两条绿道交叉口处设置公共绿地和布置相应配套服务设施，最大限度方便居民使用绿道系统和商业设施。一般情况下，社区级的绿道系统仅供步行和自行车通行，不允许常规机动车通行。

3. 公园绿道做到慢行便捷可达

公园内的绿道系统主要属于休憩型绿道，主要是满足行人散步、游玩、休闲等需要，很少用于通勤交通。公园绿道宽度一般为3～5m，满足应急车辆和特殊车辆通行，不允许其他社会车辆通行。绿道两侧一般设置有景观小品、高大乔木和大片草坪，提供良好的行人环境。公园绿道系统与道路绿道系统、社区绿道系统相连接，实现行人和自行车的便捷可达。

T2-3

交通稳静化的措施

交通稳静化设施的设置主要是从车速控制和交通量控制两个角度来达到安全运行的目的；车速控制措施主要是通过改变道路的垂直定线和水平定线或者窄化车道等措施，达到限制行车速度的目的；交通量控制措施主要是通过封闭某些方向的道路，阻止抄近路的现象，从而使街道的交通更容易控制。

T2-3-1 控制平面交叉口间距

基于"小街区、密路网"的规划理念，干路网间距300～400m，支路间距100～150m。密集的交叉口可限制车辆速度，为当地居民创造宜居的社区环境，使行人、非机动车、机动车和谐共处于城市道路空间的街道宜居环境。

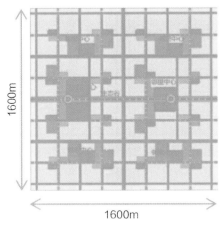

"细胞邻里单元"组织示意图

T2-3-2 控制道路车辆行驶速度

城区内部道路在适当位置实施交通稳静化设计，使得生活性主干道设计车速降为40km/h，次干路、支路等道路的设计车速控制在30km/h左右，达到了交通稳静化降速目标，改善了道路交通安全。交通稳静化措施包括设置速度缓冲带、中央隔离岛、变形交叉口、纹理路面、窄化路面等。稳静化措施与道路设计相结合，可提升社区街道的环境美。

T2-3-3 缩小交叉口转弯半径

过大的交叉口转弯半径一方面增加了行人及非机动车穿行时间，并造成行人、非机动车与机动车之间交通冲突点位置难以控制，从而易发生交通事故；另一方面，由于交叉口转弯半径大，右转机动车无须减速就能通过交叉口，对直行的行人、非机动车安全产生威胁。通过研究车辆转弯半径与车速之间关系，对内部道路交叉口交通进行稳静化设计。根据雄安新区、天津中新生态城等地的实际经验，各等级的道路路缘石转弯半径取值范围在5～12m之间。

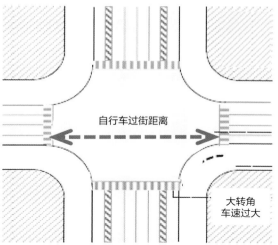

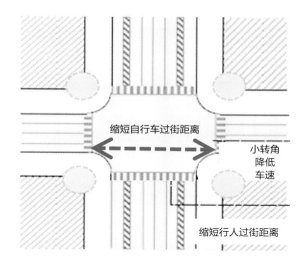

交叉口精细化设计对比图

T3

节能低碳

T3-1

提倡低碳交通系统

"低碳交通"最有效的路径主要包括：增强交通运输组织、管理能力，提高交通运输组织生产效率、引导人们对交通运输的正确消费行为及优化其产业内部结构；从政策、技术等两个方面给出城市交通低碳发展的措施和建议，确保在"双碳"目标下优先建设低碳交通系统。

T3-1-1 政策机制保障低碳目标

地方政府是城市交通低碳化发展的主要领导者，政府首先要提倡交通系统的低碳目标，并给予全方位的政策支持、机制保障和资金扶持，低碳交通的建设才能够有保障。各地政府应出台扶持新能源汽车研发和生产、大力发展公共交通、合理引导小汽车消费、居民低碳消费、鼓励公众消费新能源汽车等方面的相关政策措施，并提出保障机制确保政策落地实施。

T3-1-2 减排技术支撑低碳节能

"四新"技术的发展与推广应用，可以直接减少交通工具和交通生产环节的碳排放。因此，加快新能源、新技术的使用，改善车用燃油的品质，推广新能源交通工具是城市减少交通碳排放的最直接手段。除此之外，应扩大目前城市内部的智能交通系统的覆盖范围，实现城市各子区域的协调调控，为城市居民提供更多更可靠的出行信息，促进市民选择低碳的方式出行。

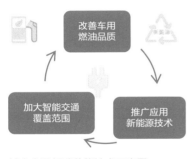

城市交通低碳节能技术示意图

T3-2

优先发展公共交通

公共交通是城市中重要的基础设施，各级政府针对公交优先发展制定了各类策略，规划阶段应充分预留公共交通发展空间，统筹发展公共交通与其他交通出行方式的衔接；规划设计阶段应保证公交出行优先权，注重公交专用道网络建设；在运营阶段，应注重乘客满意度提升，营造适合居民出行的乘车环境。

T3-2-1 合理设置公交系统层次结构

新建区域应根据客流预测，在客流强度、公共汽电车日出行人次等指标的预测值达到相应标准时，进行线网设置；对于已建成区域，应根据城市轨道交通、快速公共汽车系统（简称BRT）和既有公共汽电车线网的客流情况及服务功能等因素，合理进行线网设置和调整，并以接驳服务为主。

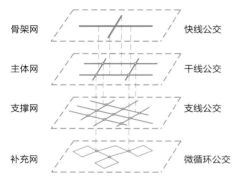

"四级"公交网络层次结构图

T3-2-2 统筹公交线网与轨道交通两网融合

同步规划协调实施。持续加强对常规公交的支持力度，聚力统筹地铁和常规公交两网全面融合，明确地铁和地面公交在城市客运中的角色定位，指引地铁和常规公交同步调整。地铁等轨道交通规划建设的同时，统筹考虑地面公交优化与线路变更；地铁开通的同时，同步进行相关公交线路变更，实现出行方式变化的融合统一。

加强站点融合衔接。综合考虑地铁站点及公交场站用地，在地铁站点建设时结合公交换乘需求，为地面公交预留换乘场站和充电设施；统筹安排公交服务区域规划，为公交系统规划相对便捷固定的长期场站，为现有场站确权提出指引。

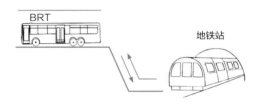

BRT衔接示意图

T3-2-3 合理发展快速公交系统

通过编制BRT走廊沿线用地控制规划，可加强BRT与土地利用结构的协调，提高系统性和综合发展效益，使其成为城市触媒引导城市开发或促进城市空间更新，并利用大容量公共交通建设的契机，促进城市市政基础设施的进一步完善，促进外围城市化进程以及旧城改造，优化城市功能结构及土地利用模式，将BRT建设与城市现有公共交通、未来发展相结合。

BRT引导开发示意图

T4

集约节约

T4-1

集约利用土地资源

> 倡导规划先行，增强公共交通设施用地的复合利用，优化城市空间结构和产业结构，实现公共资源合理配置，促进就业-居住平衡，倡导土地的混合利用，促进各区就业与居住在空间上的匹配；提高轨道交通线路、车站周边地块的容积率和公共性，营造绿色化的土地开发模式。

T4-1-1 统筹土地资源复合利用

对于新建城区，应通过优化城市空间结构和产业结构，实现公共资源合理配置，促进就业—居住的系统平衡。倡导土地的混合利用，促进各区就业与居住在空间上的匹配度。实现交通系统与各类用地紧密联系，各类用地总量和结构平衡。

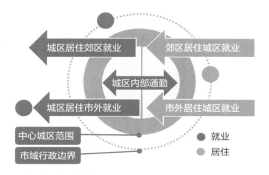

职住关系空间结构图

T4-1-2 交通设施用地复合利用

在规划阶段，应合理预留公共交通设施空间，保证城市公交用地的需求，以公共交通引导周边土地利用开发，最大限度地增强土地经济价值，增强公共交通设施用地复合利用。在满足其基本交通属性的基础上，强调立体开发，发掘其商务、商业、娱乐等经济属性，探索交通设施用地复合利用的土地政策。推动城市公交枢纽周边和城市轨道交通等城市公交走廊沿线土地的综合开发利用，提高土地利用效率，节约土地资源。

T4-2

鼓励发展停车分区

> 通过停车分区，进行差别化的停车规划与管理，针对城市的不同发展阶段实施差别化的停车设施供给策略；通过对停车设施供应总量、布局特征、管理手段的调节，引导和调节地区停车需求；对于特定地区，通过限制停车供给，转移动态交通的不合理需求，从而实现道路交通的畅通。

T4-2-1 制定差别化停车发展策略

1. 分区域制定停车设施供应标准

综合考虑人口分布、就业岗位密度、土地开发强度、公共交通服务水平、道路交通承载能力和运行状况、停车设施使用特征等因素，合理划定停车分区。根据不同的城市分区，制定供应策略，城市核心区重点解决停车疏解问题，核心区外的Ⅱ类区、Ⅲ类区要做好配建车位预留。

2. 分阶段差别化制定停车设施供应标准

根据路网容量与公交服务发展的阶段性限制，合理确定停车供需平衡，在适当的阶段实行停车需求管理。核心区内近期应保证部分停车供给率，中期应加强停车场管理，远期应以停车需求管理为主、停车场建设为辅。

3. 差别化设置停车设施供应形式

以地面停车、路内停车、地下车库、停车楼、机械式与非机械式等多种形式并存。其中，严格控制路内停车形式，优先保障行人、自行车及机动车的通行空间，坚决遏制违章停车，逐步减少占用道路空间的停车位。同时，应高效地利用土地资源，尽量考虑立体停车形式，在有条件的区域推广车位共享模式。

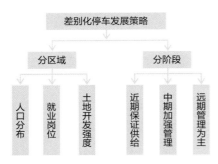

差别化停车策略流程图

T4-2-2 制定差别化停车收费政策

采用差别化的停车费率体系，城市由外向内逐级递增，形成显著的收费水平级差关系；贯彻路内高于路外、高峰高于平峰、中心区高于外围地区的原则，制定不同的停车收费标准；制定分时累进的路内停车的收费方式，强调路内停车的费率高于路外停车场停车费率，提高泊位周转率。

T5

生态自然

T5-1

道路绿地设计养管

道路绿地主要指道路及广场范围内的可进行绿化的用地。道路绿地系统分为道路绿带、交通岛内绿地、广场绿地和停车场内的绿地；在设计工作中，应考虑道路断面形式确定相应的绿化带类型，满足在道路规定范围内种植的树木不影响驾驶员的视线，保证行程的安全，且能起到引导驾驶员视线的功能。

T5-1-1 功能优先完善绿地景观

以人为本，功能优先，兼顾考虑驾驶员和行人的安全感及舒适性；丰富层次，增加绿地生态效益；突出地域特征，表现特色；在重要路口节点采用软硬结合手法进行植物配置，体现绿化效果，形成特色鲜明的植物景观；考虑道路沿线的地上、地下物，因地制宜，适地适树。

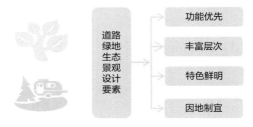

市政道路景观设计要素示意图

T5-1-2 道路绿化养护管理

需要确保供肥的有效性，确保这些植被供肥的次数和剂量；确保定时浇灌要遵照"少浇灌、勤浇灌"的原则，根据植物不同的生长特点进行科学浇灌；确保土壤正常排水，关注植被的吸水量，利用多种排水方式来确保土壤拥有一个适中的含水量，同时避免坑洼和死角的存在，减轻排水设计难度。

市政道路绿地养护流程图

T5-2

建设生态停车设施

生态停车场的场景布置要遵循统一协调的原则，应该以人为本，最大限度地为使用者提供方便。停车场的建设一方面根据需要合理安排车位，避免造成车位的空置浪费，另一方面在停车场的规划设计上需将绿地和停车位有机结合，满足绿化和停车的双重要求，高效利用土地资源。

T5-2-1 合理规划停车场绿地

停车场的绿地分布以不影响车辆正常通行为原则，包括车位旁的绿地，两排停车位之间的绿地，车位末端的绿地，回车广场、分隔带、行道树等的绿地，以及场地边缘的保护绿地等。停车场周边应种植高大庇荫乔木，宜有隔离防护绿带；在停车场内，结合停车间隔带种植高大庇荫乔木。停车场种植的庇荫乔木可选择行道树种。具体停车场与绿地形式选择如下表所示。

停车场与绿地形式选择

停车位方向	用地情况	绿地形式
与道路垂直	允许	采用间隔3～4辆车设置车旁绿地，并在多排车位之间设置车后带状绿地
	紧张	结合停车场周围的保护绿地、道路、边界，设置车后带状绿地，种植乔灌木
与道路平行	允许	沿停车位设置条状行道树绿地，种植乔灌木
	紧张	尽量布置行道树穴，利用种植行道树之间空地为车辆遮阴

T5-2-2 优选地面铺装及植物

生态停车场由行车道和泊车位组成。泊车位地面主要处理方式有嵌草砖和透水砖。嵌草砖的应用结合了硬化地面和植物栽植的形式，并且对渗入地下的雨水有净化作用，在生态停车场建设方面具有较明显的优势，目前较常用。行车道多采用多孔沥青透水路面，路面坡度为1/9，略高于两旁的泊车位，能有效集蓄和延缓路面径流，集蓄效率能达到70%，可以使更多雨水渗入地下，增加浅层土壤的含水量。

T6

智能智慧

T6-1

智慧交通控制系统

建立智能交通信号控制系统，提出面向不同出行类型的精准调控策略，提升市政交通系统运行效率；建立智慧公交系统，打造智慧化的候车站点，提供实时精准的公共交通候车、乘车信息服务；建立智慧灯杆系统，实现智慧照明、视频监控、机动车充电等交通信息管控功能。

T6-1-1 智能交通控制系统

建立智能交通信号控制系统，提出面向不同出行类型（汽车出行、慢行出行、公交出行等）的精准调控策略，提升交通系统整体运行效率；建立交通信息发布系统，利用视频AI+大数据+互联网技术融合，通过导航、短信、诱导屏、穿戴设备等渠道，为驾驶员提供交通事件等信息。

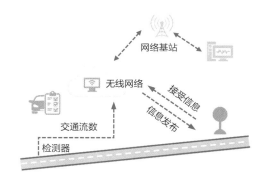

智能交通控制系统框架图

1. 部署智能调度车载机

部署智能调度车载机，实现位置监控、视频监控、智能调度本地录像存储、高速网络视频传输、射频卡数据采集和传输、车辆运行信息采集和传输、自动报站和位置提醒等功能，并支持视频丢失、硬盘故障等故障报警和上传功能，实现设备和系统维护的智能化。

2. 智能调度核心网络

建设智能调度核心网络，支撑智能化调度系统的数据通信，包括车载上传的控制器局域网总线数据、调度信息、车载视频，还有场站视频、GIS平台数据、运营数据、报表统计、邮件、办公自动化等功能的正常使用，保证网络的性能和可靠性。

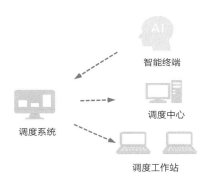

智能调度核心示意图

3. 定制开发智能公共交通管理系统

建立智能公共交通管理系统，综合采用通信、电子、信息、网络等技术，利用无线通信系统实时采集在线运营车辆的运营信息，实时快速传输数据，同时调度中心应可与在线车辆进行语音，采用智能交通管理软件对数据及时处理，实现区域调度。调度中心每个终端应同时对多条公交线路实施调度，实现营运车辆跨线路营运，达到线路间的资源调配。

4. 智慧公交站台

建设智慧公交站台，候车乘客可通过公交站LED电子屏，查看车辆信息、乘车信息、天气预报等，为乘客提供完善的城市与交通信息服务，提高出行时间可靠性，方便市民合理安排候车时间，提供舒适、人性化的候车体验；提供城市Wi-Fi热点，方便市民连接上网；站台顶棚采用光伏板材料，平时吸收太阳能为站台设备供电；座椅设置了加热功能，且独立设置

自行车停车棚；借助第三方平台，提供手机充电、无人售货机等服务。

T6-1-2 智慧灯杆系统

智慧灯杆系统可通过前端设施设备的搭载及后台系统的建立，实现智慧照明、视频监控、无线网络覆盖、交通管理、信息指示发布、信息交互、环境传感监测、机动车充电等功能中的两种或多种组合，实现多功能合一的灯杆系统。

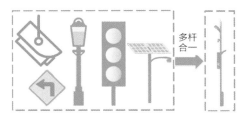

多功能合一示意图

T6-1-3 智能充电桩系统

充电汽车充电基础设施规划设计应与本地的电动汽车发展规划相适应。针对公共停车场中充电设施配置方面，在规划设计阶段遵循"充电为主、换电为辅、快慢充相结合、集中有序管理"的原则，逐步形成"统一规划、适度超前、合理布局、方便实用"的充电网络体系；在运营管理阶段，鼓励搭建智能化充电桩管理系统，在车位上安装智能车位锁，通过管理系统，实现实时监控车辆充电状态的功能。

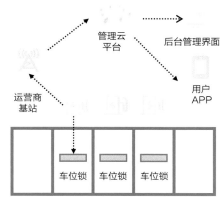

智能充电桩管理平台框架图

T6-2

数字赋能高效交管

> 构建市政道路全域感知体系，实现交通治理精准化；开展基于"掌上道路"的城市综合执法，实现城市管理高效化；同步形成一套基于设施二维码的全面养护作业标准化管理，实现设施管养一体化；建立多部门统一协作的市政道路综合治理业务，实现综合治理的协同化。

T6-2-1 提高交通治理水平

1. 市政交通治理精准化

构建道路全域感知体系，实现人−车−路−环境−事件道路全要素特征的提取，构建基于数据驱动的"全息感知−仿真推演−精准调控−全程服务"闭环治理模式，实现交通运行监测、交通拥堵治理、交通精细化调控和交通秩序改善等场景应用。

闭环治理模式图

2. 综合治理协同化

建立多部门统一协作的道路综合治理业务，包括海岸线综合治理、占道施工综合治理、特殊天气应急管理、大型活动应急疏散等应用场景。建立交通、公安、海防、城管等部门快速联动机制，实现精准识别、全面分析、快速联动、处置评估的综合治理体系。

T6-2-2 提高城市管理水平

1. 市政交通管理高效化

开展基于"掌上道路"的城市综合执法，实现巡检事件上报、事件分拨、事件处置、事件确认的闭环管控，实现园林绿化管理、道路环境卫生管理、作业车辆运行监管、市政设施管理。基于智慧照明系统实现照明设施的精细化调控，全面提效城市管理。

2. 设施管养一体化

市政基础设施"一物一码"，同步形成一套基于设施二维码的全面养护作业标准化管理。建立精细化的资产台账，实现资产"创建−监测−告警−处置−迁移−核销"全生命周期管理，并支持预防性维护计划的制定，以数字化赋能城市设施管养一体化。

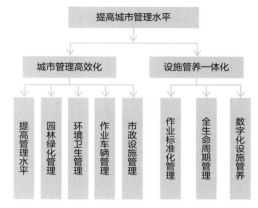

智能化城市管理框架图

T6-3

车路协同智慧出行

> 构建车路协同系统架构，实现环境感知、数据融合计算、决策控制等功能，从而提供安全、高效、便捷的智慧交通服务；建立标准协调机制，加快共性基础标准制定，开展标准体系研究与建设工作；建立车路协同的示范区开展先行先试，充分发挥车路协同的规模和集群效应。

T6-3-1 构建车路协同系统架构

需要多专业融合建立一个统一的车路协同系统架构，从而促进车路协同的规模化应用。通过"端""管""云"三层架构实现环境感知、数据融合计算、决策控制，从而提供安全、高效、便捷的智慧交通服务；在"端-管-云"新型交通架构下，车端和路端将实现基础设施的全面信息化，形成底层与顶层的数字化映射；5G与C-V2X联合组网，构建广覆盖蜂窝通信与直连通信协同的融合网络，保障智慧交通业务连续性；人工智能和大数据实现海量数据分析与实时决策，建立智能交通的一体化管控平台。

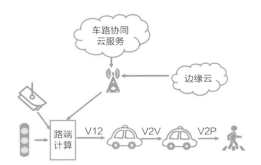

车路协同系统框架图

T6-3-2 建立统一的标准体系

采取分阶段推进的方法。针对智能网联汽车，先制定高级辅助驾驶标准，加快制定智能驾驶功能、实验验证和场景类标准，有序推动智能网联汽车管理、整车及关键系统和部件信息的安全标准，协同开展智能网联核心功能以及关键系统和部件类的统一标准，包括软件、硬件、平台、数据和服务等层级的资源管理与信息服务类的标准研究；针对城市智能化基础设施发展及应用现状，围绕智能化城市基础设施建设与更新改造，梳理各地设施建设的难点及堵点，根据建设条件，建立分等级的智能驾驶统一标准体系。

T6-3-3 建立示范先行区

建立车路协同的示范先行先试区，大力提升区内的智能路侧设备、交通信号灯、交通标志标线等基础设施的数字化和网联化率，以及车路协同车载终端安装率，充分发挥车路协同的规模和集群效应，并在相当长一段时间内保持产业政策的持续性。在示范应用一段时间后，通过大数据和人工智能技术对车路协同集成系统的效能进行全面评估，根据评估结果对存在的问题进行系统化的整改和优化，促进感知、计算、通信、服务、应用各个层级的产品和技术升级、迭代和优化，从而形成体系化的车路应用标准，最终将成功经验在全国进行大规模的推广。

R

R1-R5

市政道路

ROAD

R1 安全耐久	R1-1	优化布局断面空间
	R1-2	合理保障路基安全
	R1-3	多维提升路面质量
	R1-4	完善交通安全设施
	R1-5	科学做好预防养护
R2 节能低碳	R2-1	创新应用清洁能源
	R2-2	全过程促节能减排
R3 集约节约	R3-1	集约利用土地资源
	R3-2	加强集水节水举措
	R3-3	高效引领材料利用
	R3-4	标准化施工促节约
R4 生态自然	R4-1	打造生态人文道路
	R4-2	全面营造和谐生境
R5 智慧智能	R5-1	创新运用数字模型
	R5-2	智慧构建数字管理

R1

安全耐久

R1-1

优化布局断面空间

> 以"机非分离、人车分离、动静分离、近远期结合"为原则，进行城市道路断面设计，通过保障慢行交通空间，适度分离动静交通方式，鼓励设置提前掉头车道、立体慢行过街设施、近远期结合等技术措施，达到缓解交叉口机、非、人冲突，防止反复破路，避免废弃工程，提高运营安全、使用耐久的目的。

R1-1-1 充分考虑慢行空间

应针对不同等级市政道路的功能需求，兼顾慢行交通、机动交通、静态交通，以及休闲游憩等沿街活动的多方面功能需求，因地制宜地进行市政道路断面的空间分配。在空间资源有限的情况下，优先考虑步行和非机动车行的需求。对于现状步行和自行车交通空间不足的街道，在保证机动车通行能力的前提下，鼓励通过削减机动车路内停车位、适度缩减机动车道宽度等措施，保障步行和自行车交通的通行需求。

R1-1-2 快慢交通方式适度分离

在机动车流量较大、车速较快的路段，建议设置两侧分隔带，对机动车与路侧的非机动车进行快慢分离。非机动车高峰小时交通流量较大的道路，非机动车道和人行道之间，宜设置一定高差，避免非机动车与行人相互干扰。当非机动车道与人行道布置于同一平面时，宜采用不同的铺装、标志标线等进行区分。新建道路避免人与非机动车之间共板的横断面设置，改建道路应设置隔离设施予以分离。

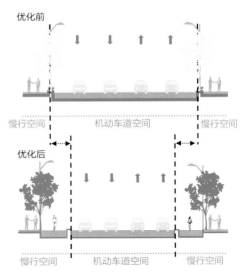

慢行空间对比示意图

R1-1-3 鼓励设置提前掉头车道

为优化路口交通组织，鼓励在交叉口前适当位置拆除部分护栏或中分带设置开口，利用左转专用车道设置路段提前掉头。在不影响对向车道正常通行情况下，车辆可在路段提前掉头，避免左转和掉头的车辆在路口形成相互干扰，减少车道滞留车辆，加快路口通过率，同时避免与行人发生冲突，提升道路安全性。

R1-1-4 合理布设慢行过街设施

根据行人过街的行为心理需求进行过街设施的设置，合理控制过街设施间距，使行人能够就近过街。行人过街设施的设置应避开急弯、陡坡、视距不良、车行道宽度渐变和交通瓶颈的路段，以确保行人过街安全。

位置的选择应满足周围公共汽车站、轨道交通车站、商业网点等人流安全集散的要求。学校、医院、大型商业设施、公交车站等人流集中的地点周边应设置过街设施。

其中，重要道路节点可采用简易立交或机动平交慢行下穿的方式构建立体步行系统，实现行人便捷通过；次要道路节点可采用平交，利用交通信号的管控，保障慢行系统优先。

R1-1-5 统筹兼顾，近远期结合设计

断面设计应统筹兼顾，近远期结合，以近期为

主，兼顾为远期发展预留条件。近期应综合考虑机动车道、非机动车道、人行道、附属设施及其关系，使近期工程为远期规划工程所利用，便于远期根据交通组成变化，调整路幅布置，避免破路，产生大量废弃工程。

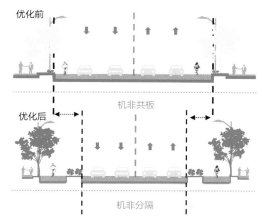

优化前

机非共板

优化后

机非分隔

快慢交通方式分离对比示意图

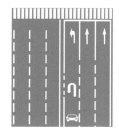

路段提前掉头示意图

行人过街设施的间距控制

位置	推荐值（m）	困难条件下取值（m）
距地面公交停靠站和轨道站点出入口	≤30	≤50
距中小学校、医院门口	≤30	≤80
居住区、大型商业设施、公共活动中心的出入口	≤50	≤100

R1-2

合理保障路基安全

路基作为道路结构的主体，应结合沿线地形地质、生态环境景观及路用材料等条件进行设计，在保证其具有足够的强度、稳定性和耐久性的前提下，因地制宜地处理路基，防治病害；同时应贯彻安全、经济、生态、自然、因地制宜的原则，灵活开展边坡防护设计，尽量采用自然防护方式。

R1-2-1 因地制宜开展路基处理

路基设计应充分结合道路沿线的地质和水文特点，尽量做到填挖平衡，避免高填深挖，因地制宜采取绿色路基处理技术。设计中综合考虑承载力、使用功能、使用寿命、材料和环境影响等多方面因素，将安全可靠、节约资源、减少污染理念贯穿技术设计、材料选择、工艺装备、检验等全流程，最大限度降低资源消耗和环境影响。在技术、经济可行条件下，优先选择工业废渣混合料、建筑垃圾、旧路基等可再利用材料等。

R1-2-2 保护优先恢复为主的边坡防护

边坡防护应尽量采用覆土种植、喷播、三维植被网等生态护坡结构，避免采用砌石等影响生态景观的圬工护坡。受用地、地形影响的路段，可采用锚杆、土工布、加筋土等支护的形式。如挡墙等圬工支护措施加固时，应与周围环境景观协调，对护坡本身以下垂、上攀、表面覆盖三种方式进行种植绿化遮蔽，不得影响原有结构的安全性、功能性和耐久性。

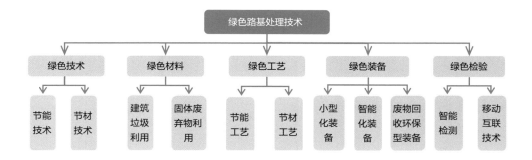

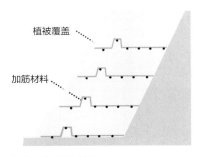

加筋土边坡示意图

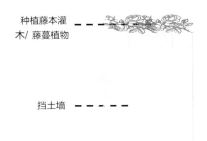

挡土墙绿化遮蔽示意图

R1-3

多维提升路面质量

功能性路面作为路面铺装新势态，使路面铺装从安全性、耐久性、经济性向更高层次的功能性、舒适性、环保性转变；在技术经济论证可行前提下，路面工程应加大能够提高长期使用性能、节能减排的功能型路面新技术的应用，提升路面质量与安全性，节约资源，保护环境。

R1-3-1 合理采用长寿命路面，延长寿命

长寿命路面面层材料应具有较高的强度、温度和水稳定性，宜选用高模量、富油量沥青混合料，以抵抗大规模车辆荷载的重复作用引起的车辙，同时必须达到一定的厚度，使沥青层底部的拉应变达不到发生结构性破坏的程度。其次承重基层要有足够的厚度，能实现路面只有表层损坏，保证路面长时间使用。

R1-3-2 宜结合实际采用透水降噪路面

机动车道、非机动车道、人行道及停车场，宜根据实际情况积极采用透水降噪路面，常用类型包括透水沥青混凝土、透水水泥混凝土和透水砖，应结合道路使用功能合理选用。设计时应根据当地水文、地质、气候环境等条件，并结合雨水排放规划和雨洪资源利用的要求，协调相关附属设施，同时应满足荷载、透水、防滑等使用功能及抗冻胀等耐久性要求，具体设计要点及施工要求可参照《城市道路——环保型道路路面》15MR205执行。

R1-3-3 夏热冬暖地区，宜采用凉爽路面

根据城市气候条件，在夏热冬暖的地区宜采用凉爽路面技术，抑制路面升温，进而降低路面夏季高温所造成的病害，延长道路使用寿命，同时有效缓解城市热岛效应。其中反射式凉爽路面（CRP凉顶铺装）是将纳米材料采用人工涂刷或机械喷洒方式对路面进行处理，通过路面反射率的改变，高温季节可使路面降温超过10℃。尤其在人流集中区域，可结合凉亭、

长寿命市政路面结构示意图

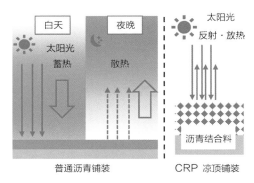

普通路面与凉爽路面对比示意图

廊架等遮阳、遮雨设施，降低光照强度，有效改善步行空间环境。

R1-3-4 严寒及寒冷地区主动融雪路面

路面的积雪结冰是影响寒区道路运行安全和运输效率的关键问题瓶颈，目前人工除雪、机械除雪以及撒布融雪盐等常规方式，易破坏路面的平整性，可能对道路基础设施造成腐蚀性破坏，同时对土壤和地下水都会带来危害。鼓励在严寒及寒冷地区道路加大主动融雪路面的应用，赋予路面自身主动融冰化雪的能力，有力保障路面冬季运营安全。

主要融雪技术方式及特点

常规融雪技术方式	技术特点
人工融雪化冰	造价经济，效果相对彻底，但人力耗费大、智能与机动性较差，存在对路面腐蚀，破坏其平整性风险
融雪破冰机械设备	
撒布融雪盐	
主动融雪技术方式	**技术特点**
自应力铺装融雪路面	绿色环保，经济便捷，可增加路面抗滑性能，但使用过程中易出现松散剥落现象，影响路面耐久性
相变材料融雪路面	施工过程零污染，但尚处于探索阶段，材料稳定性差
低冰点融雪路面	绿色环保，应用效果良好，但养护方法尚缺乏标准规范
能量转换型融雪路面	初期建设成本较高，清洁环保，但影响路面的耐久性

R1-4

完善交通安全设施

为消除市政道路安全隐患，提升道路交通管理水平，通过优化交叉口信号灯控制、规范布置交通安全设施、整合设置交通杆件、定期维护交通安全设施等措施，实现多措并举、优化交通设施，提高道路通行效率和交通安全，为广大群众营造良好的道路交通环境。

R1-4-1 优化道路交叉口信号灯控制

结合交通流量的监控系统，对主要道路的车流速度实施监管，提升交叉口信号灯配时的智慧化水平，形成绿波交通带，提高通行效率。非机动车通行量较大的路口鼓励增设非机动车专用相位，独立分配非机动车通行时间。右转车辆较多的路口鼓励增设右转车辆信号控制专用相位，结合行人通行相位，在时间上规避人车冲突。

R1-4-2 规范布置交通安全设施

道路交通标志牌的大小、形状和颜色应根据交通管理规定，按照不同类型分类统一设计并根据提示对象不同，合理设置标牌位置和高度。

交通护栏应结合街道类型与道路等级合理设置，减少不同交通方式之间的干扰。人行护栏形式、设置位置等应保障慢行交通；机动车交通通行安全，避免相互间的视线干扰。公交车站台区域不应设置人行护栏，但在公交车站前的5~10m范围内的步行区边沿，宜设置人行护栏，防止行人的穿越。宽度大于2.75m的人行入口处，沿路缘石内侧，宜设置车挡，车挡的设置间距不宜小于1.5m。

R1-4-3 整合设置交通杆件

在满足行业标准、功能要求、安全性的前提下，新建街道路灯杆与交通设施杆件应整合设置，以减少街道上立杆的数量，保持街面整洁。现状道路既有灯杆与小型（一般为柱式支撑）交通设施杆应整合设置。同一位置设置的路名牌、导向牌应合杆。特殊情况下导向牌在路段单独设置时宜与路灯、交通标志或智能交通合杆。不得利用合杆设施设立商业性广告。

R1-5

科学做好预防养护

面向市政道路高质量发展需求，道路养护管理仍存在"重建轻养""以建代养"的现象，为提升市政道路的服务能力、延长使用寿命，需要通过定期开展检测与评价，强化养护装备技术水平，并积极推广新型绿色预防性养护技术，着力做好预防性和前瞻性养护工作，全面提升道路的安全耐久性。

R1-5-1 鼓励采用新型无损检测装备

对已经使用中的市政道路，应按规定进行检查和评价，及时掌握道路的技术状况，并根据道路养护等级、交通量、结构与材料的使用性能变化、检测结果等因素，综合确定道路的养护策略。鼓励使用路面快速检测车和新型无损检测装备，这类装备可自动识别路面的裂缝、坑槽等常见病害，有助于提高效率与养护水平。

R1-5-2 适时采取预防性养护措施

为防止道路病害的发生、减缓路面使用性能的衰减、相应提升服务功能，应贯彻预防为主、防治结合的养护方针，适时采取经济适用、施工便捷、绿色环保的预防性养护措施。

常用的预防性养护技术有雾封层、碎石封层、纤维碎石封层、稀浆封层、微表处、薄层罩面（厚度≤30mm）、再生处治等类型，一般根据路面技术状况的指标值域选择适当的技术方法。雾封层、微表处、再生处治宜用于城镇快速路和主干路；稀浆封层、碎石封层、纤维封层宜用于城镇次干路和支路，但不得作为路面补强层使用。

R2

节能低碳

R2-1

创新应用清洁能源

交通与能源的融合发展，是建设绿色市政道路、落实能源安全新战略的有效结合点与重要应用场景。以太阳能、风能、地热能、天然气等清洁能源替代传统化石能源，实现供电设备、施工机械的新能源化，从源头进行控制是实现市政道路节能减排、消除环境污染的重要方式。

R2-1-1 鼓励采用风光互补照明设施

鼓励采用太阳能、风能等可再生绿色能源为景观照明、非主要道路照明设施、交通信号灯、监控设施或其他用电设施供电，打造以清洁能源为主体的新型市政道路供电系统。风光互补发电系统由小型风力发电机、太阳能电池板、蓄电池组合控制器等部分组成，应用过程中需采用一定措施减弱环境的影响，如通过适当调整太阳能电池的角度，或采取纳米涂层保持电池板表面清洁等措施，来降低环境影响。

R2-1-2 拌合楼宜实施"油改气"技术

拌合楼的油改气实施方法为，采取管道直供天然气的方式进行改造，通过建立气化一体撬装站，将液态天然气气化，再经调压，将天然气通过管道输送到再生料和原生料燃烧器，通过自动控制系统，将原材料加热到最佳温度拌合。拌合楼的油改气，不仅可减少二氧化碳、二氧化硫、烟尘的排放，产生显著的环境效益，而且天然气升温快、好控温，还可提高生产效率，较好地保护除尘设备，延长除尘设备的使用周期，提高全生命周期的综合效益。

R2-2

全过程促节能减排

应积极探索市政道路设计、施工、运营期间的节能与降碳创新途径，可以采用温拌沥青混合料技术和"三遥"道路照明方式，并统筹搭建碳排放的统计核算体系，开展市政道路全生命周期碳排放测算，以摸清碳排放的底数及系数，提出具有针对性的减排措施，作到过程减碳、精准控碳。

R2-2-1 宜提高温拌沥青混合料的应用

在确保不降低路用性能的前提下，宜提高温拌沥青混合料的应用，减轻施工过程中沥青的老化，提高沥青混合料的稳定度，从而延长路面的使用寿命。采用温拌沥青混合料时，要根据道路设计要求确定适当的温拌添加剂和添加比例；对于集料的选择要严格控制集料的含水量，优先选用碱性集料；大规模摊铺前，需先铺筑试验段便于检验生产配合比；需结合温拌技术的类型和粘温曲线来确定摊铺碾压温度。

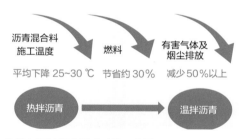

沥青混合料施工温度　燃料　有害气体及烟尘排放

平均下降 25~30 ℃　　节省约 30%　　减少 50% 以上

热拌沥青　→　温拌沥青

热拌与温拌沥青技术对比示意图

R2-2-2 采用节能智能型照明系统

在市政道路建设与使用过程中，应注重设施的节能效果，选择节能经济、显色性良好、照明效率较高的灯具设施，优先采用LED或LVD等新型节能灯。在经济及技术条件许可时，道路照明建议采用光控、时控及"三遥"（遥测、遥控、遥信）相结合的智能控制系统。兼顾交通流量、环境照度、时间等因素，对路域范围内的照明设备进行实时智能遥控开关，保障使用安全的前提下，提高照明节能水平。

R2-2-3 采取节能措施控制施工能耗

施工设备应优先选用符合变频技术应用条件的，施工工区应采取集中供电措施，建设变电设施代替施工区柴油发电，施工机具、生活用水设施也应进行节水技术升级，集中控制资源与能源的消耗。此外，还应合理安排工序，提高机械的使用率和满载率，降低施工设备的单位耗能。

R2-2-4 统筹搭建碳排放统计核算体系

为实现城市交通"双碳"目标，应将绿色低碳理念融入市政道路全生命周期建设中，全面分析道路全生命周期碳排放来源；采集筑路材料、施工设备/机具、运输车辆、运营耗能等关键要素的排放清单和活动数据；构建道路设计、施工、运维各阶段碳排放核算方法及参数，实现全过程、各环节的碳排放量测算，便于识别出碳排放热点及减排关键环节，提出相应切实可行的降碳减排措施，作到对市政道路建设项目碳排放的可核算、可管控、可追溯。

R3

集约节约

R3-1

集约利用土地资源

以节约土地资源为原则，协调城市道路与周围环境的关系，采用合理控制路幅、合理设置机动车道数量及宽度、适当减小红线切角距离、管线集约布局等措施节约道路空间；统筹用地土方平衡，因地制宜选用均衡性设计方案，以期实现土地资源的可持续利用。

R3-1-1 集约节省道路空间

1. 合理控制路幅

市政道路断面设计应合理设置道路红线宽度和建筑后退红线距离，充分利用土地资源，形成宜人的尺度和空间感受，道路街道界面宽度推荐值为次干路≤40m、支路≤30m。

2. 合理设置机动车道数量及宽度

市政道路沿线不同路段根据周边环境状况形成不同的限速要求。交通干道经过商业区，道路经过学校和医院时，应提高相应路段限速要求。商业和生活服务街道鼓励应用3m宽机动车道，路口进口道可缩减至2.75m，以达到降低车速并提示驾驶员安全意识的作用。

3. 适当减小红线切角距离

交叉口的道路红线切角距离应在充分考虑安全停车视距、交叉口建筑退界、交叉口道路等级等因素的前提下，采用较小的数值，以节约用地。

交叉口道路红线切角距离推荐值

道路等级	主干路（m）	次干路（m）	支路（m）
主干路	15	10	5
次干路	10	10	5
支路	5	5	5

4. 管线集约布局

因地制宜开展城市地下综合管廊建设，便于维护共享、集中管理、节约空间。各类管线设施应尽可能归并，同类管线尽量在同侧布置，合理安排间距，同时要考虑规划发展预留空间，注重管线综合布局，提高市政管线实施弹性；宜与海绵设施融合布置，提高管线及管廊利用率的同时还可以节约用地。

R3-1-2 统筹用地土方平衡

因地制宜采用低路堤、浅路堑或者高架桥方案，减少占地；合理选用互通型式和匝道线形，紧凑布设互通式立交；积极推进取土、弃渣与改地、造地、复垦综合措施，高效利用沿线土地。统筹全线土石方调配，有效利用挖方弃土及隧道弃渣；横纵断面均衡设计，精心计算，合理调配，尽可能做到填挖平衡。

统筹占地及调配土石方技术措施示意图

R3-2

加强集水节水举措

以节约水资源为原则，融入海绵城市建设理念，构建低影响开发的城市道路雨水系统，实现对城市道路雨水及径流的渗透、调蓄、净化、利用和排放，同时探索道路施工环节的废水循环利用举措，以期实现城市道路水资源的收集利用与节约。

R3-2-1 合理应用低影响开发（LID）措施

1. 合理运用透水铺装

根据地区特点，结合交通荷载、水文地质条件、道路功能和横断面布置等因素，合理运用透水铺装，渗排结合，滞蓄雨水。

2. 边坡与植草沟融合

植草沟适用于道路、广场、停车场等不透水地面的周边区域。植草沟的边坡坡度（垂直：水平）不宜大于1：3，纵坡不应大于4%。纵坡较大时，宜设置为阶梯型植草沟或在中途设置消能台坎。设计需注重耐水性植物的选择，同时要避免植草沟界面尺寸过大，影响美观。

3. 优先下沉式绿化带

条件允许情况下，道路绿化带优先考虑下沉式设置，深度应根据植物耐淹性能和土壤渗透系数确定，宜取100~200 mm，其内部还应设置排放多余径流雨水的溢流口。

4. 道路雨水收集净化

条件允许时，可进行雨水收集与景观一体化设计，合理设置雨水净化设施，在符合海绵城市建设要求的同时，形成较好的景观效果。

雨水净化设施功能特点

单项设施	功能						控制目标			处置方式		景观效果
	渗	滞	蓄	净	用	排	径流总量	径流峰值	径流污染	分散	相对集中	
透水铺装	●	◎	○	◎	○	○	◎	◎	◎	√	—	较好
下沉绿化带	◎	●	○	◎	○	○	●	◎	◎	√	—	较好
雨水花园	◎	●	●	●	◎	○	●	◎	●	—	√	好
小微湿地	◎	●	●	●	●	◎	●	●	●	—	√	好
生态植草沟	◎	◎	○	◎	○	●	◎	◎	◎	√	—	一般

说明：●——强 ◎——较强 ○——弱或很小

R3-2-2 施工节水资源回收

市政道路施工时，应考虑减少水资源消耗，宜配备污水处理设施，对施工废水、生活废水及雨水进行收集、净化处理与再利用，污水处理（再生水）设施尽量采用可移动式一体化处理设施，便于设施移动使用，提高设施的重复利用率，净化处理后的水优先用于场地道路的冲洗、施工区冲厕及消防、绿化灌溉等。

R3-3

高效引领材料利用

以节约道路材料为原则，在旧路改扩建时探索废旧路面再生循环策略；同时积极采用可循环废料代替道路原材料，在满足路面性能要求的前提下，有效减少对砂石、沥青等筑路材料的消耗，降低对生态环境的负担。

R3-3-1 废旧路面材料再生利用

对于废旧沥青路面，应对沥青路面的沥青含量及老化程度进行试验检测，根据不同结构材料性能添加再生剂或新沥青，结合病害形式等选用再生方式将原有沥青路面材料性能进行恢复，重新作为路面面层、底基层或垫层材料使用，在满足性能要求的前提下尽量提高利用层次及旧料掺量。

废旧沥青路面再生方式及适用条件

再生方式	适用病害形式	可再生结构层
厂拌热再生	表面缺陷、变形荷载与非荷载引起的开裂及补丁养护	沥青面层
就地热再生	有足够承载力路面的表层破坏	表面层
厂拌冷再生	横向车辙、裂缝、坑洞、表面不规则破坏	沥青面层、基层
就地冷再生	表面层以下的沥青层车辙、荷载引起的块裂、温度开裂及养护补丁	沥青面层、基层

R3-3-2 可循环材料代替部分筑路材料

在满足环境影响评价及技术要求前提下，宜使用废旧橡胶沥青、矿渣、钢渣等可循环利用材料代替路基路面、交通设施材料中部分原材料，促进资源再利用。具体措施如下：

（1）废胎胶粉中加入沥青后形成橡胶沥青混合料，用于沥青路面的各结构层、应力吸收层、碎石封层、防水粘结层、填缝料等。

（2）煤矸石、铁尾矿砂等矿山废弃物可代替石料用于路面结构；煤矸石可拌制成水稳煤矸石-碎石混合料用于基层或底基层；铁尾矿砂可拌制成水稳碎石。

（3）钢渣可替代玄武岩等优质石料在沥青面层中使用，制备满足路用性能指标的钢渣沥青混凝土。

（4）填方路基宜优先选用建筑废料、老路结构翻挖废料、工业废纸、生活垃圾焚烧炉渣、弃土固化土、砂石粒料等材料填筑。

（5）交通标志、防撞护栏、人行护栏、分隔栏、龙门架等设施材料尽量采用环保和可回收材料。

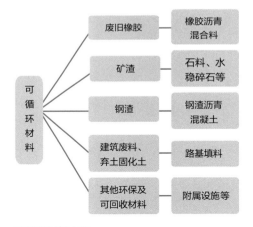

可循环材料应用

R3-4
标准化施工促节约

大力推行市政道路标准化施工是市政道路落实绿色集约可持续发展的重要内容；通过工地标准化、工艺标准化和管理标准化，实现施工组织由简单粗放向精细科学转变，工地环境由散乱不整向集约节约转变，进而减少资源浪费，提升工程品质，达到市政道路集约节约、内实外美的目标。

R3-4-1 采用标准化工艺

应制定并实施符合项目特点的标准化施工工艺，对关键部位及工序要加强质量、进度、流程、技术创新、工程用量方面的管控。在满足项目要求的基础上，鼓励工程构件成品化与现场施工装配化，对于条件受限无法采用预制装配工艺时，提倡采用钢筋模块化工艺，按需制定，实现工程耗材的精细化管理，内外品质的全面提升。

R3-4-2 建设标准化工地

按照"生产工厂化、施工集约化、驻地人本化"的原则，打造标准化工地环境，实施驻地建设、工地实验室、混凝土拌合站、钢筋加工棚、预制梁场、材料存放场地等临建设施的标准化建设，实现工地布局集约紧凑，混合料集中拌制，钢筋和碎石集中加工，充分发挥集约施工的优势，保证工程质量，减少废弃物的产生和排放。

R3-4-3 完善标准化管理

严格执行道路建设法律法规和强制性标准，在工程管理中制定施工阶段各项安全风险、资源节约管理措施，把技术管理、过程管控及内业管理落实到施工中的各个环节，保障工程资源消耗合理均衡，节能环保措施到位，耗材档案收集齐全，实现标准化制度贯彻施工全过程。

标准化施工示意图

R4

生态自然

R4-1

打造生态人文道路

> 以往的一些市政道路设计中过于强调道路的工程属性，而对自然、人文景观空间的塑造关注较少；宜通过优选本地特色鲜明的植物材料、低碳环保的硬质景观材料，灵活融入地域文化与自然特色，打造"外修生态、内修人文"的道路空间。

R4-1-1 注重乡土植物搭配

优先选择滞尘降噪、抗逆性强、可减轻污染，兼具功能性和用水需求量小的节水耐旱型乡土植物，体现本土化的种植设计理念。尽量选择花木及色叶植物，增加景观层次性、色彩多样性和街道识别性。

同时可利用不同的形态特征进行对比和衬托，做到高、中、低层次的乔草灌搭配，有起有伏，并对不同花色花期的植物相间分层配置，营造丰富的季相景观。

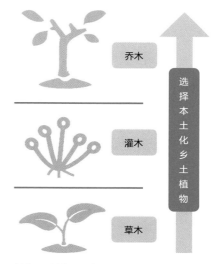

植物层次搭配示意图

R4-1-2 硬质景观宜选用当地环保材料

在市政道路景观建设过程中，通常会运用大量硬质材料，宜优先选用当地乡土建材、低碳环保材料、废物再生利用材料等，如陶瓷透水砖、钢渣透水砖、再生石、枕木等，可有效节约资源、降低能源消耗，促进人与自然和谐发展。

R4-1-3 道路空间融入人文元素

要实现人文道路的塑造，需要突破既有的工程设计思维，将关注对象从单纯路面拓展到包括两侧界面的空间整体，对市政设施、景观环境、沿街的建筑、历史风貌等要素进行有机整合。如提炼出独特的视觉元素和文化图腾，应用于街景小品、公交车站、路灯灯杆、道路导视系统等街道家具，展露一个城市的精神面貌和人文环境，营造不同标志性设施。

人文道路设计思路示意图

R4-2

全面营造和谐生境

在满足景观空间的同时，还应着重考虑市政道路建设对自然生态环境的影响，积极采用保护生物栖息环境、水土环境、声光环境、空气环境等措施，严格控制建设、运营过程中产生污染和外排污染物，全面营造和谐生境。

R4-2-1 降低道路建设对生境影响

市政道路应合理布线，符合城市规划、道路用地和生态环境要求，协调道路与桥梁、隧道、轨道交通、管线、地下空间、综合管廊、绿化景观等关系，降低道路工程对生态环境及资源的影响。线位应尽量避免穿越生态保护区、生态敏感区，在不得不穿越时，应进行综合评估，选择对环境影响最小的穿越方法，并采取措施及时消除对敏感区域的不利影响，如具有重要生态学价值的野生动物频繁出没的路段，宜依据区域内的动物物种类型、迁徙规律、道路两侧地形地貌设置生物通道。

动物通道示意图

R4-2-2 道路施工有害气体处置

道路建设是污染气体和粉尘排放大户，建议采用如下措施防治施工有害气体及粉尘。

（1）采用温拌沥青混合料、热拌减排沥青混合料等减排技术，有效降低此类污染气体的产生与排放。

（2）施工机械、拌合楼等的尾气排放标准应执行《非道路移动机械用柴油机排气污染物排放限值及测量方法（中国第三、四阶段）》GB 20891中相关要求。

（3）适时在场地洒水，或采取硬化施工便道，加盖篷布等措施，减少粉尘污染。尽量降低使用石灰等筑路材料。

R4-2-3 路域噪声污染控制措施

在同等规格、满足施工要求的情况下使用低分贝施工机械替代；通过预制厂房、加工棚统一预制的方式减少噪声污染源，或加设隔声装置，控制噪声污染；为免噪声影响周边居民生活，应尽量将施工分贝较大的工序作业安排在白天进行，若必须于夜间进行的，应严格控制噪声排放限值（昼间＜70dB、夜间＜55dB）。

道路营运期间，靠近道路附近居民集中区，可在路边空地植树，种隔声树带，设置声屏障或建设非噪声敏感建筑物；道路加强交通管制，禁止超载运输及鸣笛。

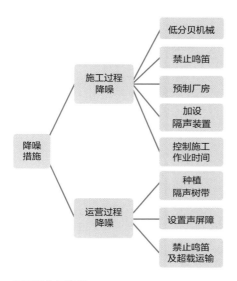

降噪措施示意图

R5

智慧智能

R5-1

创新运用数字模型

BIM技术能提供一个流程化、标准化的工程全生命周期管理平台，在市政道路高品质建设中起到决定性作用；BIM技术与GIS、云计算、大数据、移动智能终端、物联网等信息技术结合，可有效协助且便捷、准确地进行建模设计、复核、工程量统计、施工模拟、养护运维管理等，建设运维好市政道路。

R5-1-1 提倡BIM在设计阶段应用

在设计阶段，BIM技术主要用于场地仿真分析、方案比选、碰撞检查、模型出图、工程量统计等典型场景，辅助设计方案可行性验证，输出设计方案模型及视频动画等。设计中BIM建模模型单元应以几何信息和非几何信息表达工程对象在方案、初步设计、施工图各阶段设计内容，如在施工图阶段，路面模型应体现路面结构厚度、各结构层名称及材质、横断面各板块空间位置及尺寸、缘石类型及材质等。

R5-1-2 实现BIM在施工阶段应用

BIM技术宜在项目施工全过程应用，涉及施工准备、施工过程和交工验收三个子阶段，也可根据工程实际情况只应用于施工阶段的某些环节或任务。施工阶段BIM模型宜包括永久构筑物、临时构筑物、地形、地物等信息，其中施工准备模型精细度应满足准备阶段场地布置、方案优化、施工交底等应用需要；施工过程模型精细度应满足施工组织管理、安全管理、质量管理、进度管理、成本管理等需要；交工验收模型精细度应满足交工验收需要。

R5-1-3 强化BIM在养运阶段应用

在养护运营阶段，建立以BIM模型为基础，集成物联网、云计算、移动终端等数字化手段搭建道路养护运维平台，实现对道路资产的管理，如对道路设施和设备的状态进行跟踪，对一些重要设备的使用状态提前预判，并自动根据维护记录和养护计划提示到期需保养的设备和设施；对故障的设备，破损路面从发现上报、派工养护维修到完工验收、回访等均进行记录，实现精细化、智慧化管理。

BIM技术应用示意图

R5-2

智慧构建数字管理

随着大数据、云服务、人工智能等电子信息技术的发展，市政道路智慧化施工与运行维护技术日益完善；通过构建智慧工地管理与道路设施感知系统，可以实现对建设、运营过程的全面感知、科学管理，变被动式管理为主动式智能化管理，有效提升市政道路系统的服务效能。

R5-2-1 构建智慧工地管理系统

智慧工地是提高工程管理效率，有效控制工程质量，打造品质工程的关键。应利用互联网+、视频监控、GPS定位等构建智慧工地管理系统，实现对现场施工人员、设备、物资的实时定位，有效获取位置、时间、轨迹等信息，及时发现异常行为，实现自动化监管，提高应急事件响应和处置速度，形成人管、物管、技管、联管、安管于一体的立体化管控格局，提升施工现场的管理水平和效率。

智慧工地管理系统示意图

R5-2-2 构建道路设施感知系统

通过将摄像头、传感器等监测设备与市政基础设施整合，搭建市政基础设施感知系统，实现对路面、路基、边坡、桥梁、隧道、地下管网、井盖、路灯等市政基础设施健康状态及工作环境的监测，如出现异常情况，可快速捕捉预警信息，识别异常类型，上传识别结果与图片，辅助相关工作人员定位，快速恢复。

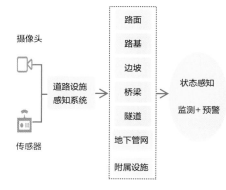

市政道路设施感知系统示意图

B

B1–B5

市政桥梁

BRIDGE

B1 安全优质	B1-1	桥梁系统安全设计
	B1-2	桥梁耐久安全设计
B2 预制装配	B2-1	桥梁结构预制装配
	B2-2	构建装配建造模式
B3 节能低碳	B3-1	机具节能能源利用
	B3-2	雨水利用废水处理
	B3-3	重视环保材料使用
	B3-4	沿线生态环境保护
	B3-5	集约节约使用土地
B4 景观和谐	B4-1	开发桥梁立体空间
	B4-2	注重桥梁人文景观
	B4-3	构建历史文化景观
B5 智慧管控	B5-1	应用数字信息技术
	B5-2	建立信息管理系统

B1

安全优质

B1-1

桥梁系统安全设计

> 市政桥梁应按安全、耐久、适用、环保、经济和美观的原则进行设计，安全必须排在首位，强化桥梁结构安全设计理念，结合建设环境选择合理的结构体系和构造细节，构建信息化、立体化的桥梁监测、评估、加固一体化的维护体系，完善桥梁安全运营管理制度，确保桥梁安全性及保障能力。

B1-1-1 桥梁结构体系选择

针对市政桥梁所处区域特征，应遵循桥型合理、约束合理、受力合理、连接合理和刚度配置合理等准则。根据跨径和建桥条件，选取合理的桥型；根据结构受力特点，选取合理的外部约束形式；根据功能和力学性能要求，构件间要选择合理的传力方式；根据功能和经济需求，对主要受力构件进行刚度配置。选择安全的结构形式，同时满足功能、环境及美观的需要，将人、车、路、环境构成一个统一和谐的整体。

B1-1-2 优化桥梁结构设计

按照安全理念，因地制宜地开展桥梁结构的设计优化：

（1）整体设计方案：根据桥梁不同建设条件，结合各方面因素，综合考虑桥梁结构、材料及工艺，通过广泛选型、甄别类比，确保桥梁整体设计方案的可行性。

（2）工程结构设计：以预防超载、结构损坏问题为基础，完善结构设计方案，提出主要构件强度标

准、稳定性标准。

（3）注重桥梁抗荷载能力设计：结构关键部位设置减震装置，延缓结构震动可能对桥梁结构造成的损害，提高桥梁结构抗荷载能力。

B1-1-3 建立桥梁结构监测系统

构建数字化、信息化、立体化的监测、评估、加固一体化的桥梁维护体系。针对桥梁检测评估需求，发展并构建服役桥梁高精度、无损检测技术及装备体系；针对服役桥梁病害处置和提高桥梁承载能力的实际需求，完善加固设计理论与方法，推广应用快速可靠的加固技术，发展模式化加固技术和整体替代技术，提高加固后桥梁安全性。

B1-1-4 加强桥梁安全运营管理

（1）加强桥梁使用过程管理。宣传引导合法合规装载运输、创造利于桥梁运营安全的使用环境。加强桥梁特别是独柱墩桥梁的安全隐患风险检查、排查、改造和监测，鼓励对独柱墩桥梁下部结构进行改造加固。

（2）加强桥梁运营养护管理，加大检查力度，落实桥梁日常检查、定期检查、特殊检查等养护基础工作。

（3）健全桥梁的管理制度。加大特大型桥梁的管养与监测，确保重要桥梁的运营状况实时可控。健全桥梁管理制度，加大对超载等行为的执法力度，最大限度杜绝人为因素的安全隐患。

B1-2

桥梁耐久安全设计

> 根据桥梁结构设计使用年限、所处的环境类别及作用等级，从设计、施工、运维养护等多个环节进行桥梁的耐久性设计，合理选择耐久性材料，确定减轻环境作用效应的结构构造措施、防腐措施，重视非永久构件细节的耐久性设计，强化新技术、新材料在桥梁耐久性设计中的推广应用。

B1-2-1 结构耐久设计措施

在工程可行性研究阶段进行结构设计年限和使用环境的考虑，在方案设计阶段进行合理的结构和构件选型，在施工图设计阶段进行材料和构造的选择，在施工阶段进行质量控制，在服役阶段建立合理的维护与管理制度。

桥梁结构耐久性设计内容

全生命阶段	耐久性基本设计内容
工程可行性研究	确定结构设计年限与使用环境
方案设计	结构选型：减轻环境作用、实现可检测与可维护； 确定环境作用种类和程度； 确定结构构件设计使用年限； 结构构件选型（永久/可更换）
施工图设计	材料性能与质量指标； 钢筋保护层厚度； 构件裂缝控制，防排水构造； 防腐蚀附加措施（如有）； 结构构件维护规划与设计
施工	施工裂缝控制； 混凝土质量控制（新拌与硬化）
服役阶段	耐久性能检测与监测； 维护与维修管理； 耐久性再设计（如有）

B1-2-2 桥梁结构防腐与防水设计

在改善混凝土密实度、满足规定保护层厚度和养护时间的基础上，宜采取防腐蚀附加措施。根据结构所处环境类别和作用等级，选用合适的防腐蚀附加措施。

桥梁防水措施主要有以下几方面：选择合理的防水材料；特殊部位做好防水涂料节点设计和施工；强化桥梁细部结构防水设计，科学合理进行排水管布置，保证渗入的雨水能够很好地排出，避免雨水长期侵蚀结构内部。

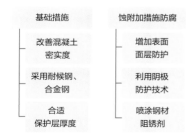

市政桥梁防腐措施

常见混凝土防腐措施

环境类别	名称	防腐措施	
		混凝土	钢筋
I	一般环境	表面涂层 硅烷浸渍	
II	冻融环境	表面涂层 硅烷浸渍	
III	近海或海洋氯化物环境	表面涂层 硅烷浸渍	环氧涂层钢筋，阻锈剂，阴极保护
IV	除冰盐等其他氯化物环境	表面涂层 硅烷浸渍	环氧涂层钢筋，阻锈剂，阴极保护

B1-2-3 附属结构耐久性设计

涉及的附属构件主要包括桥梁的支座、桥面铺装、伸缩缝、交通监控设施、交通维护设施及交通检修设施等。对于这些装置，在具体的设计过程中，可对其更换周期予以明确，最大限度降低这些装置对桥梁运营过程中的交通影响，合理选择结构材料，如伸缩缝设计过程中，需要注重钢材料的合理选择，严格避免伸缩缝内出现积水或渗漏情况。

B1-2-4 选择应用耐久性材料

结合工程项目所处的环境条件和施工现场具体特点，合理选择基于传统材料改良或全新技术的耐久性材料。主要包括高性能钢材、高性能混凝土及纤维增强复合材料（FRP）。

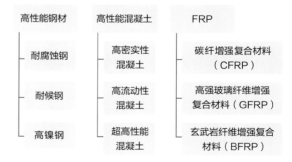

主要耐久性材料示例

B2

预制装配

B2-1

桥梁结构预制装配

> 预制装配技术凭借其节能环保优势，被逐步应用到桥梁工程的建设中，通过采用桥梁混凝土构件的集中预制，标准化作业，减少了现场浇筑工作量，有效规避粉尘污染、噪声污染，生态环境效益显著。在保证结构安全可靠的基础上，应积极推进桥梁结构预制装配。

B2-1-1 常规桥梁标准化跨径

遵循少规格、易组合、便于施工的原则，宜采用相同的跨径及结构形式。

常规桥梁上部结构类型及标准跨径

类别	结构类型	跨径（m）
混凝土梁	预应力混凝土空心板	10、13、16、20
	预应力混凝土箱梁	20、25、30、35、40
	预应力混凝土T梁	20、25、30、35、40
	节段拼装预应力混凝土梁	30、35、40、45、50、55、60
钢梁	钢箱梁	30、35、40、45、50、55、60
	钢桁架	40、45、50、55、60
钢-混组合梁	钢板组合梁	30、35、40、45、50
	槽形组合梁	30、35、40、45、50、55、60
	箱形组合梁	30、35、40、45、50、55、60

数据来源：《装配式城市桥梁工程技术规程》T/CECS 728—2020

B2-1-2 完善装配化工程建设和产品标准

完善桥梁结构预制装配相关工程建设和产品标准体系。制定并完善覆盖设计、施工、运维、拆除全过程的工程建设技术标准（规范）体系，以及桥梁结构预制装配相关构件产品的技术标准体系，进一步规范城市桥梁预制拼装工程建设和产业发展。

B2-2

构建装配建造模式

> 通过桥梁各部件"工厂预制、现场拼装"的方式进行预制装配化作业；合理选择施工工艺及结构连接方式，精细化节段分块预制结构，积极采用模块化设计，结合新材料、新工艺、新设备的研发与应用，运用BIM技术，实现桥梁工程绿色化目标。

B2-2-1 施工工艺及结构连接方式的选择

不同预制构件间连接方式遵循"构造简单、传力明确"原则，结合结构形式、抗震设防烈度、施工条件、运输方式、拼装要求等因素确定。

常规预制装配施工工艺流程图

下部结构预制构件主要连接方式

连接方式	适用范围
灌浆套筒	墩柱与盖梁、承台连接，桥台各构件竖向连接，墩柱各构件竖向连接
灌浆金属波纹管	墩柱与盖梁、承台连接
插槽式	桩基与承台、墩柱与盖梁连接
承插式	墩柱与承台连接、墩柱与盖梁连接
后张法预应力筋	墩柱与承台、盖梁连接，盖梁、墩柱节段连接
湿接缝	墩柱与承台连接，墩柱节段间、盖梁节段间
钢板	扶壁式桥台台身、肋板式桥台肋板与基础或承台连接
法兰	墩身之间，桩身之间，墩柱与承台之间连接

B2-2-2 节段分块预制桥梁结构

节段预制拼装桥梁关键技术主要包括节段预制、节段拼装和线形控制。节段梁预制有两种施工工艺，分别为长线法和短线法；节段拼装方法主要有逐跨拼装法、悬臂拼装法；线性控制在桥梁施工过程中主要包括节段预制线形控制、节段拼装线形控制和预应力张拉后线形控制。

B2-2-3 积极采用模块化设计

1. 结构模块化

对同一类桥梁，合理划分并设计出一系列功能模块，通过模块的选择和组合构成不同桥宽及跨径的桥梁。如钢桥横梁模块、挑梁模块、跨间模块；预制拼装的板、梁桥的中梁（板）和非标准边梁（梁板）等。

2. 钢筋模块化

可将盖梁、立柱、承台、桩基础等结构的钢筋笼以整体模块的形式预先在车间内加工成型，运输到现场。

3. 零件模块化

遵循桥梁结构的可检性、可修性、可换性、可控性及可持续性，充分考虑零件自身寿命，采用模块化设计技术对桥梁零部件进行拆除及更换，如支座、拉索等。

预制拼装模块构件

B2-2-4 运用BIM技术实施装配化

在设计阶段，以BIM技术为工具，建立全桥三维建筑信息模型，实现数据信息的快速共享和传递，并及时将修改信息反馈至三维模型。

图纸会审及技术交底：动工前必须对图纸进行详细审阅，采用BIM可视化的图形和三维画面对一线施工人员进行施工技术交底。

在施工阶段，利用BIM平台进行施工动态管理，可对预制构件进行3D立体拼接模拟，对吊装工序实时动态模拟，指导现场装配化施工，减少失误。

B3

节能低碳

B3-1

机具节能能源利用

基于低碳发展理念，合理选择节能、高效的设备及施工方法，并利用太阳能、风能等可再生能源，采用适宜措施降低机具的维护频率，减少维修规模；提高环境承载能力，推动市政桥梁行业的绿色发展、循环发展、低碳发展及可持续发展，适应新形势下的节能减碳发展需要。

B3-1-1 采用节能施工机具

优先使用节能、高效的施工设备和机具，合理安排施工顺序，相邻作业区充分利用共享的机具资源，提高机械的使用率和满载率；同时考虑使用电能或其他能耗较少的施工工艺，合理选择施工方法，选择功率与负载相匹配的施工机械设备，节省人员和材料。

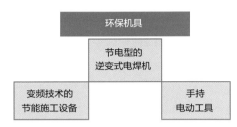

节能高效的施工机具

B3-1-2 利用可再生能源

结合当地可利用的可再生能源本底条件，选择合适的可再生能源。施工中采用的机械设备、临时性设施、生活和办公用具，可采取可再生能源，比如利用太阳能、风能等发电用于施工照明和设备用电。

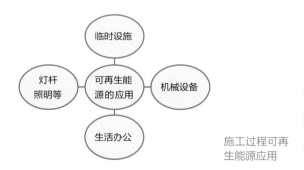

施工过程可再生能源应用

B3-2

雨水利用废水处理

通过桥面雨水资源收集利用，提高水资源利用率，同时妥善处理废水、污油；在桥梁建设运营过程中，加强对施工现场和周围环境保护措施，统筹发展和安全，坚持节水优先、空间均衡、系统治理的节水思路，遵循确有需要、生态安全、可持续原则，提高水资源集约节约利用水平。

B3-2-1 桥面雨水资源收集利用

可以利用桥梁的纵横坡将桥面雨水汇集于泄水孔，利用桥面集水系统收集雨水，经过落水管及消能池消能、调蓄，再进行隔油、沉淀和过滤净化，然后就近利用，提升雨水的资源化利用水平，同时减少内涝风险。

其中初期雨水在净化条件容许的情况下，可以考虑进入污水系统，由污水处理厂净化处理；调蓄及净化处理后的雨水可优先用于桥梁附属空间内的绿化浇灌、道路冲刷或作为市政洒水车水源补给点。

B3-2-2 精细化桥梁排水设施设计和养护

1. 设计方面

首先，充分考虑纵、横向坡度等因素对整体排水系统的影响；其次，选择泄水槽格栅板与泄水孔篦座一体化的成品，可实现随开随清理，避免格栅板缺失；三是在桥面加宽段或汇水面积较大段，适当减小泄水孔间距或者增大排水管直径；四是条件允许情况下，选择适宜的排水管道材料，如钢材、PVC管、聚乙烯等。

2. 管理养护方面

首先，严格落实养护制度，依据相关规范要求，对桥面排水系统进行定期检查、清孔、清理垃圾、及时更换破损的管道构件等；其次，加大科研力度，研发一些新型材料以取代现有排水管，改善其功能，延长排水管的使用寿命。

3. 应急排水方面

桥梁应急排水系统主要包括监控报警系统、桥面径流收集系统及应急储存和排放系统。应急排水系统径流应分三种情况进行考虑：

（1）危险品泄漏时，危险品泄漏量及冲洗水量。

（2）无事故发生时的雨水径流量。

（3）危险品泄漏与降雨同时发生的情况，此时应计算雨水径流量、危险品泄漏量及冲洗水量。

B3-2-3 施工阶段水资源收集和节约利用

要充分利用场地，雨季时，做好雨水收集，经净化处理后可用于施工作业用水；施工场地可设立循环系统，对废水进行净化后再利用，如对车辆清洗后的水进行收集净化，用于道路清洁等方面，实现循环利用。在工程建设过程中，搅拌和养护混凝土时，对浇水进行严格定量控制；混凝土养护作业中，可使用雨淋管的方式进行养护浇灌。

B3-2-4 加强废水污油处理

积极作好废水的处理与回收工作，防止水资源污染。

（1）进行施工时，所使用的设备和机器选择较为先进的，并设置一个固定的区域用来维修设备，集中处理排出的污油；如果无法设置这样的区域，可以使用吸油的材料对流出的油进行收集，并进行集中的处理。

（2）生活及办公污水，条件允许时，可直接排入市政污水管网或集中运输至污水处理厂，不具备条件时可以考虑汇入施工场地集中处理设施，与其他废水一起处理回用。

（3）混凝土搅拌过程中产生的废水，经过排水沟或抽水管道汇入处理设施中净化，优先考虑循环利用。

施工区域废水污油处理

B3-3
重视环保材料使用

工程材料对路桥工程建设整体质量有着重要影响，对于施工材料的选择要特别慎重；在生态环保理念指导下，在道路桥梁工程建设过程之中要重视对环保型材料的推广应用；在满足道路桥梁工程设计要求的同时，要从整体上保障桥梁工程建设高质量，并且实现对生态环境的充分保护与和谐利用。

B3-3-1 选择绿色环保型及新型复合材料

优先选择环保型材料，包括可循环利用材料、废物再生利用材料、无毒无污染的添加剂及涂料材料等，同时，新型材料发展迅速，要注重新型建筑材料的使用，并根据实际使用要求情况，合理选择新型复合材料。

B3-3-2 提高材料利用率

提高废物再利用和可复用材料使用，通过分类分拣、回收、科学处理固体废弃物，如钢筋类、混凝土块、砖石类等，可通过简单修补、切割后用于其他建筑结构构件。

建立材料使用综合台账，同时，对废料（如钢筋）进行科学回收，整体减少钢材、木材、混凝土、模板等主要材料的损耗，以备不时之需。

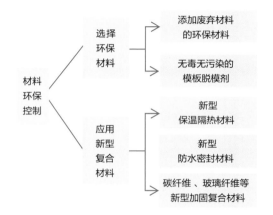

使用绿色环保材料

B3-3-3 推行废料再生利用技术

推广使用废料可再生技术等绿色技术，提高建筑垃圾重复利用率。

对可回收材料进行二次利用，例如，利用环保施工工艺将废旧的混凝土、碎石、砖瓦等加工成骨料、微粉，并将其应用到混凝土预制中等。另外，对工程材料使用前后的包装及废料材料等进行回收再利用。

| 节能环保型材料 | 聚合物水泥混凝土 轻质混凝土 |
| 可回收材料二次利用 | 废旧混凝土、碎石、砖瓦 混凝土预制、钢筋 |

使用废料可再生材料

B3-4

沿线生态环境保护

高度重视桥梁沿线的生态环境保护，通过优化桥梁的施工方法，减少噪声和尾气的排放，降低建设项目对周边环境的影响，最大限度保护沿线生态环境，遵循"保护最大、破坏最小、恢复最多"的建设理念，合理利用桥梁及其空间的生态功能，达到交通发展与生态环境保护共赢的目的。

B3-4-1 优化空气污染防治

1. 尾气控制

首先，采用清洁能源作为施工机械的动力；其次，根据需求对尾气排放口进行废气过滤处理；最后，尽可能增加植被面积，强化周边植被草木对废气吸收净化作用，降低废气污染。

尾气控制措施

2. 扬尘控制

降低空气悬浮颗粒，提高空气质量。

（1）在对垃圾、土方及材料设备进行运送的过程中，选择密封措施，确保车辆清洁，在施工现场的出口位置处，设置洗车槽。

（2）开展土方施工作业时，使用覆盖及洒水等措施，降低作业区扬尘高度，最大限度保证施工区域可视范围内扬尘高度符合要求。

（3）在施工现场的非作业区，不允许扬尘现象存在。面对现场存在的容易飞扬的物质，使用地面硬化、洒水、密网覆盖、围挡及封闭等措施处理。

（4）在拆除某构件之前，做好扬尘的控制工作。同时，也可以使用清理积尘、设置隔挡、拆除体洒水等措施予以处理。

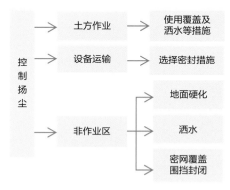

扬尘控制措施

B3-4-2 降低噪声的影响措施

1. 桥梁施工阶段

施工现场的噪声无法避免，但是可以通过以下措施对噪声加以控制：选择低振动、低噪声的施工机械和设备，通过运用隔振和隔声措施来降低振动以及噪声产生的不良影响。

2. 桥梁运营阶段

通过以下措施控制和缓解交通噪声：

（1）强化高架道路车辆管理。加强高架桥交通流量控制，合理分流高架桥上下车辆，特别是夜间通行高架桥车辆的分流管理。

（2）充分利用桥下空间进行绿化隔离带设置或垂直绿化，降低交通噪声污染。

（3）合理选用降噪措施。对已有或规划低层住宅建议采取直立式或折板式声屏障，集中高层居民住宅优先考虑采取半封闭或封闭声屏障形式，必要时考虑增加声屏障或防护隔声屏的吸声功能以降低噪声影响。

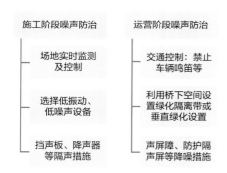

噪声防治措施

B3-5

集约节约使用土地

> 基于生态的绿色市政基础设施理念，避免自然要素结构的破坏与不可再生，保护自然环境、人和生物和谐共生，保护桥梁施工区域的地表、水域环境，尽可能地降低桥梁施工对土壤的侵蚀和土壤流失的影响程度，坚持节约优先、保护优先、自然恢复为主的策略。

B3-5-1 设计阶段节约集约用地

（1）在桥梁方案总体设计合理的基础上，合理确定桥址位置、桥型结构、净空标准、孔跨布置等。桥址选择须有利于城镇规划和总体布局的需要，充分考虑征地拆迁费用和人民群众的切身利益，尽量少拆迁、少占耕地。

（2）通过优化路线纵坡或采用新型桥梁结构，尽量降低桥梁建筑高度、桥头填土高度，在增强桥台稳定性的同时减少占用土地。

（3）设计阶段应采取各种方法缩减取土、弃土场的用地数量。平、纵设计尽量考虑填挖的平衡，通过土石方前后调配尽可能减少线外取土、弃土。

B3-5-2 施工阶段节约集约用地

土地资源节约集约利用，合理规划临时施工用地，最大限度地节约土地的运用，采取预制构件，减少对土地的需求；临时用地借用结束后恢复其原有功能，临时设施拆除后，原地进行复耕或恢复原状。

施工中尽可能使用荒地或者废地，避免使用植被丰富的土地，避免给周围居民带来不利影响。施工企业可以租用外部的房屋作为工人生活的场所，最大限度减少工人临时住所对土地资源的占用量。

B3-5-3 加强水土保持工作

（1）对地表环境加以保护。施工过程中产生的土壤流失以及地表径流问题，通过设置稳定的斜坡、地表排水系统、低影响开发系统及运用植被覆盖的措施予以解决。

（2）避免隔油池、沉淀池及化粪池出现渗漏、堵塞以及溢出等现象。及时做好清掏池内沉淀物的工作，同时，委托有资质的单位清运沉淀物。

（3）对于墨盒、电池、涂料以及油漆等有毒有害的废弃物，先对其进行回收，然后再将其交由有资质的单位处理，以免污染地下水和土壤。

B4

景观和谐

B4-1

开发桥梁立体空间

> 以安全至上、公益优先、合理利用、规范使用的原则，加强城市桥梁桥下空间利用，在保障城市桥梁结构完好和运行安全的同时，合理利用城市桥梁桥下空间资源，合理进行软质景观设计，结合城市可持续发展，合理规划桥梁生态廊道，因地制宜、整体设计、人性化设计，使之融入环境、优化环境。

B4-1-1 加强桥下空间有效利用

结合周边用地属性和需求，从整体考虑，适度增加桥下空间的利用率和公益性功能。高架桥的桥下空间从利用功能上说，可分为公共交通、绿化隔离、休闲游憩、市政管理四大类。

桥下空间有效利用

公共交通功能
以动静态交通功能为主，包括地面机动车通行，公交站点、公交停车场、共享单车停放、公共停车场及附属设施
绿化隔离功能
以绿化种植为主，用于安全防护、景观美化、卫生隔离的桥下道路分隔带
休闲游憩功能
以户外活动为主，包括社区公园、广场、绿道、运动场地等各类户外公共活动空间
市政管理功能
以市政管理及附属设施存放为主，包括电里通信箱柜、桥梁管理配套用房、绿化管理配套用房、环卫工具房、治安岗（亭）、应急救援、公共厕所、环卫车辆停放等

B4-1-2 加强桥梁生态廊道作用

在桥梁设计选型时将生态、景观、环境等要素与经济性统筹考虑，综合评价桥梁建设对环境影响，尽可能保护和加强桥梁生态廊道作用，包括桥上和桥下空间，连接破碎生境、保护生物多样性。

（1）桥上和桥下空间：充分利用桥梁跨越特点，合理选择桥型，采用生态友好的工程设计方式，确保桥上、桥下生命流通。

（2）连接破碎生境：在施工过程对生态系统的损害已经发生的情况下，采取补救措施。利用绿化工程设计，恢复由于结构工程在建造过程中造成的植被破坏，包括稳固受损的斜坡，对植被和受破坏的水道或湿地进行修复等；利用仿生工程设计，通过彩绘形式营造出仿木、仿假石等效果，在美化结构物的同时达到融入背景环境的效果。

（3）保护生物多样性：通过有效的管理对生态系统的损害最小化。如将人工光源朝向地面以避免对鸟类的吸引，对人为噪声进行阻隔以干扰动物之间的交流等。

B4-2

注重桥梁人文景观

> 桥梁人文景观是自然与人类创造力的共同结晶，能够反映区域独特的文化内涵，并以合适的造型加以体现，更好地让桥梁建筑融入自然环境，促使桥梁建筑兼顾实用性和美观性，整体上与周边环境良好融合，注重昼夜景观的系统设计，把握构件细节，整体突出桥梁人文景观的本地化、品质化、高效化。

B4-2-1 构建远观人文景致

1. 与周边环境融合

结合周边环境特征，合理布局，选择适宜的桥型，让桥梁建筑与环境整体协调融合。

2. 桥梁景观美学设计

（1）形式美：桥梁形态设计先后有浮桥、吊桥、梁式桥、拱桥、斜拉桥、悬索桥等种类。合理选择桥梁类型，与城市建筑风格相匹配，满足城市发展需求。

（2）功能美：在满足基本通行功能的基础上，多样性景观与功能多元化目标相辅相成，融交通、观景、休闲、娱乐等功能于一体。

（3）材质美：从视觉上反映为"外观"或"质地"。不同材料和工艺形成不同的质感。如钢铁体现工业铸造的时代感，混凝土给人的厚重沉稳。

（4）色彩美：色彩是结构形式重要的表现语言。色彩桥梁装饰中，要突出主题，与城市文化相融，同周边环境相协调；要与当地风土人情一致，表现地域性、文化性、主题与亲切感，体现桥梁建筑的风格；要利用色彩的心理效果，防止驾驶员的视觉疲劳。

3. 构建优美桥梁夜景

丰富桥梁空间深度与层次，呈现桥梁整体轮廓与美感，创造优美的环境与氛围。

夜间照明主要考虑：

（1）在满足照明要求基础上，保证桥梁与前后道路在视觉上的一致性。

（2）按季节或时间段变换光源色调或照度，亦可按黄昏、夜晚和深夜不同背景照明和环境要求创造具有不同特点的夜间景观。

（3）桥梁照明可采用静态光、动态光、动静光相结合的方式。

（4）可利用现代高科技技术，运用霓虹灯、旋转灯、投射灯等多种照明设备使桥梁呈现出一种崭新的空间姿态。

B4-2-2 提升近观细节品质

花池绿植：根据桥型、地块特征及城市特色花卉绿植选择花池与绿植的种类、造型、位置等因素，做到桥梁与花草树木协调一致。

栏杆扶手：栏杆与桥梁造型、周边环境协调统一。栏杆着色要考虑桥梁主体构件与周围环境的和谐，栏杆高度要不突兀、不凌乱，造型要全线统一并与桥梁有立体搭配。

桥头建筑：结合桥位处的自然环境、空间资源、历史文脉和周边建筑风格，塑造城市风貌，美化环境，提升活力和形象。

（1）以桥头主题建筑为重点，可采用体量大、形体突出的结构造型。

（2）可用"堡""塔""碑""雕塑"等组成桥头建筑群。

（3）桥头一端或两端以楼、亭、塔等对称布置；亦可布置具有雕塑感的各种建筑造型。

B4-3

构建历史文化景观

城市桥梁反映时代风貌，符合城市规划要求并与周围环境相协调，因地制宜，充分延续利用地域文化中的优秀因子，突出历史文化符号，培育新的文化与景观增长点；展现桥梁的建筑功能、景观功能和文化功能，设计出既有地域文化特色又有时代风范的现代桥梁。

B4-3-1 延续周围历史景观线

桥梁的景观设计在充分了解周边区域历史特点的基础上，与周围历史景观线进行充分结合。传承和汲取传统桥梁文化精华，将地方传统文化图形符号纳入桥梁构件；吸纳地域传统建筑造型元素，运用到桥梁整体设计中；将地域文化符号图形抽象化，运用到现代桥梁的造型与装饰中；运用浮雕、圆雕、石刻、铁艺、灯饰等综合艺术手法表现桥梁主题，渲染和营造桥梁的文化景观等。

B4-3-2 突出历史文化标志符

因地制宜地运用那些大众耳熟能详的历史文化标志符号，去粗取精、有的放矢地选取风格协调统一的造型、色彩及材质符号，同时也要避免地域文化符号的堆砌，以免产生新的视觉不适。选取的地域文化符号在桥梁景观的具体构建中，要严格遵守变化统一的形式法则，造型、色彩、材质语言要运用对比与调和、节奏与韵律、比例与尺度、局部与整体等方法，重视整体，关注细节。

B4-3-3 融入新时代现代气息

将桥梁景观融入城市的自然生态与文化生态环境中，同时要与时俱进，把握时代脉搏，让桥梁景观成为城市新的自然与文化生态景观增长点。可将新时代文化印记符号意象化融入桥梁外形轮廓、标志构造，如桥塔、吊索桥墩中，可借鉴具象化新时代文化内容，设计桥头堡形象、桥头雕塑等。

B5

智慧管控

B5-1

应用数字信息技术

在设计、施工、养管三个阶段，促进BIM技术全方位应用，施工阶段重视施工质量，进度管理数字化、信息化；养护与管理阶段充分利用数字化管理系统、智慧化养护设备等。融合信息技术，把握桥梁管养发展新趋势，解决信息闭塞、信息传输方式零散、数据交互不便等问题，实现"建、管、养"一体化。

B5-1-1 BIM技术与设计融合

利用BIM技术建立桥梁的三维可视化模型，充分展示桥梁工程的各方面信息，细化参数，如跨径信息、构件结构、材料参数、细部尺寸、施工环境等，能够方便快捷地检查桥梁建设中可能存在的问题，为设计施工一体化、复杂节点深化设计、碰撞校核、方案比选、三维可视化交底、工期模拟、管理运维平台建设等方面提供便利，提高项目建设质量和精细化管理水平，形成归档成果。

B5-1-2 施工过程数字信息技术

以BIM模型为数据支撑，利用物联网、大数据、云计算、图像识别技术等新一代信息技术打造桥梁施工信息化管理平台。通过以BIM技术为中心的项目施工管理平台，可以提高施工过程的质量管理、进度管理和成本管理效率，同时也大大提高各参建方的沟通效率，提高项目管理决策能力。

施工信息化平台基本模块功能

模块	功能
质量管理	（1）实时采集、存储材料信息，实现材料信息实时跟踪查询；（2）模拟施工关键工序、优化施工技术方案；（3）可视化视频交底，为施工质量保驾护航
进度管理	（1）基于BIM协同平台，缩短项目参建各方沟通协调时长，确保施工进程；（2）虚拟建造施工，提前探寻并消除不利因素；（3）可视化视频交底，确保施工不返工
成本管理	（1）对比模型信息与现场施工信息，优化资源，减少资源浪费；（2）优化资源配置计划，降低物流与仓储压力

B5-2

建立信息管理系统

利用信息化手段，建立基于多源信息融合的桥梁全生命周期的信息管理系统，推进桥梁应急系统建设，提升桥梁各方面数据的完整性、准确性、及时性、连续性，提高桥梁应急保障能力及日常智能化管理水平，全面提升桥梁工程信息化、集成化管理模式。

B5-2-1 全生命周期管理系统

1. 基于移动互联网的桥梁信息管理系统

结合管理需求，开发桥梁管理系统：

（1）对既有桥梁的信息进行存储，并对桥梁静态信息进行检索与统计。

（2）在存储既有静态信息基础上，实现对桥梁检测数据、评定等级、维修历史等动态数据的收集和汇总分析。

（3）具备制定维护策略，搭建辅助决策的专家系统。

利用智能移动终端，采用移动无线通信，使其向着依托移动互联网技术的电子化人工巡检系统的方向演进。

2.基于"大数据"的桥梁健康检测系统

实时动态采集、获取并储存海量数据，经数据预处理后，通过数据的深层挖掘，获取对桥梁状态评估有用的信息，实现对桥梁安全监管与有效维护。建立基于静态测量数据和动态测量数据的损伤识别方法，确定损伤位置及程度，合理预测结构的剩余寿命；同时，选择合理的预警指标及阈值，建立可靠的预防及养护加固机制。

3.基于BIM的"建、管、养"一体化平台

依托BIM技术建立"建、管、养"一体化的桥梁管理系统，通过成桥荷载试验数据和结构健康监测数据，建立基于建设期模型与健康监测相融合的一体化平台，形成温度变化与结构变形之间的基准模型，实现桥梁动态化管理。

B5-2-2 加快推进应急系统建设

依托政府部门资源网络，系统整合一桥一档、健康监测、巡检养护、统计分析等功能。积极推进城市桥梁应急联动系统建设，按照"信息统一接报，分类分级处置"的原则，实现应急信息接报平台的整合。同时，对既有桥梁设施，制定应急专案，补充前期的应急框架体系，提高应对突发事件的快速反应能力和应急处置能力。

B5-2-3 提升突发预警精准应对能力

建立和完善突发事件信息报告工作制度，明确信息报告的责任主体，确保重大突发事件及时准确上报和妥善处置。设立基层信息员，不断拓宽信息报告渠道。加快建设各类突发事件预警发布系统，充分利用电子屏幕、内部网络平台、手机短信息、电话等各种载体和手段，及时发布预警信息。

突发事件应急管理四个阶段

B5-2-4 健全桥梁应急处置队伍体系

全面加强应急管理体制、机制和应急救援队伍及应急能力建设。进一步建立健全组织协调体系，理顺工作机制，明确工作职责，规范工作流程。通过多种方式，有计划、有步骤地开展相关应急专业培训。建立健全突发事件应急演练制度，根据应急预案定期组织开展城市桥梁应急演练。

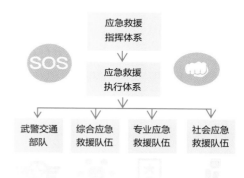

应急救援队伍体系

B5-2-5 提高桥梁应急处置能力

完善桥梁应急处置预案体系，及时有效处置桥梁突发事件。按照"一桥一策"完善应急处置预案，并纳入属地应急预案体系，定期开展应急演练，强化应急保障关键技术研发应用。进一步规范桥梁应急处置工作程序，明确突发事件发生后，及时掌握、准确判断突发事件发展态势，启动相关预案，组织调动应急资源和力量。同时适时组织开展督导评价，强化动态跟踪和工作指导。

重视事故应急 处置工作	落实事故应急 处置责任	规范事故现场 应急处置

加强事故应急 处置工作	健全事故应急 处置制度

保障与增强应急处置能力

UT

UT1-UT5

城市隧道

URBAN TUNNEL

UT1 安全可靠	UT1-1	注重勘察优化设计
	UT1-2	采取适用施工方法
	UT1-3	加强隧道施工支护
	UT1-4	完善设置附属设施
	UT1-5	隧道运行监控系统
UT2 节能低碳	UT2-1	积极利用节能材料
	UT2-2	倡导使用节能设施
	UT2-3	高效利用自然资源
UT3 资源节约	UT3-1	节约集约利用空间
	UT3-2	节约利用资源材料
UT4 环境友好	UT4-1	保持水土保护生态
	UT4-2	景观设计美化环境
UT5 全程管控	UT5-1	设计与施工信息化
	UT5-2	加强智慧运营管理

UT1

安全可靠

UT1-1

注重勘察优化设计

详尽的工程勘察是工程设计的先决条件；在工程设计前，应对工程地形、地质及水文等状况进行测绘、勘探测试，保证工程勘察资料准确完备；在充分勘察的基础上，对当地气象、社会人文和环境设施等进行调查，综合比选隧道设计方案，提出包含隧道走向、线形、洞口位置等的推荐方案，进行优化设计。

UT1-1-1 充分开展隧道工程勘察

城市隧道设计前，勘察单位应对隧道工程沿线的地形、地质及水文等状况进行测绘、勘探测试，对建设场地作出详细论证，尤其是对地下水、地表水等动态变化，并且对容易忽视的重要内容分布情况进行详细的分析论证，同时对存在不良地质状况的区域，要重点进行加密勘察，以保证工程勘察资料的准确与完备，这是城市隧道设计方案可靠的先决条件。

UT1-1-2 优化隧道工程设计方案

在地形、地貌、地质、气象、社会人文和环境设施等方面详细调查的基础上，综合比选城市隧道各轴线方案的走向、平纵线形、洞口位置等，提出推荐的工程设计方案。

在保证城市隧道建设与运营安全的前提下，应优先选择更节能低碳的隧道平纵横方案，充分考虑隧道平纵横对隧道节能低碳的影响。例如，合理设置隧道的纵坡和曲线半径，加大隧道内自然风风速，降低隧道通风对机械通风的需求。

UT1-2

采取适用施工方法

选取适用施工方法，不仅可以保证施工安全，降低施工成本，提高隧道施工效率，同时可以降低隧道施工对周围建筑物及居民的影响；应考虑工程的性质、规模、地质和水文条件，以及地面和地下障碍物、施工设备、环保和工期要求等因素，经全面的技术经济比较后确定适用的施工方法。

UT1-2-1 明挖施工法

明挖施工法是浅埋城市隧道适用的一种施工方法，根据边坡支护的不同，明挖施工法可分为：放坡明挖法、悬臂支护明挖法、围护结构加支撑明挖法等适合不同深度的施工方法。

放坡明挖法	埋置浅、边坡土体稳定性较好，且地表没有过多的限制条件的隧道工程
悬臂支护明挖法	埋置较浅、边坡土体稳定性较差，且地表有一定的限制性要求的隧道工程
围护结构加支撑明挖法	埋置不浅、边坡土体稳定性较差，外侧土压力较大且地表有一定限制性要求的隧道工程

不同明挖法的适用工况

UT1-2-2 盖挖施工法

在城市修建隧道时，往往会占用道路，影响交通，当隧道设在主干道下而交通不能中断时，可选用盖挖施工法。盖挖施工法适用于松散的地质条件下及隧道位于地下水位线以上的情况，当城市隧道处于地下水位线以下时，需附加施工排水设施。

UT1-2-3 浅埋暗挖法

浅埋暗挖法主要针对埋置深度较浅、松散不稳定的土层和软弱破碎岩层施工。采用浅埋暗挖法要求开挖面具有一定的自立性和稳定性。隧道施工时，应根据工程特点、围岩情况、环境要求等条件，选择适宜的开挖方法及掘进方式。城市隧道区间施工常采用交叉中隔壁（CRD）工法、眼镜工法等。

UT1-2-4 盾构施工法

盾构施工法等非爆破开挖技术，在松软含水地层、地面构筑物不允许拆迁、施工条件受限地段比较适用。其主要优势为振动小、噪声低、施工速度快和安全可靠，尤其对沿线居民生活、地下和地面建（构）筑物影响小的一种城市地下隧道施工方法。

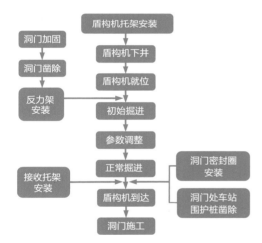

盾构法施工工艺流程

UT1-2-5 钻孔爆破法

钻孔爆破法一直是地下建筑物岩石开挖的主要施工方法。这种方法对岩层地质条件适应性强、开挖成本低，尤其适合岩石坚硬的洞室施工。城市隧道施工，因受周围工况影响，宜采用静态爆破。机械化静态爆破作业时无振动、无冲击、无噪声、无粉尘、立即见效不用等待、不间断重复作业，工作效率高、工作效果显著等特点，应用于不能爆破作业并要求产量高、工期紧等技术难度大的土石方工程。

UT1-3
加强隧道施工支护

城市隧道工程周围建筑和设施较多，工程安全对基坑变形量及基坑降水要求较高，因此，要合理选择支护方案，加强施工过程的环境监测，采取适当技术措施，降低施工过程中的震动，保障隧道施工安全，降低施工对周围建筑物、设施及居民正常生活的影响。

UT1-3-1 选择合理施工支护方案

根据不同的施工场所、周围环境，施工进度及施工安全要求，可选择不同的施工支护方案。本节选取代表性的支护方法，如钢板桩加内支撑结构、SWM工法加内支撑结构、排桩加止水帷幕加内支撑、地下连续墙加内支撑结构等支护方案，分别阐述其适用的工况。

UT1-3-2 隧道施工环境监测系统

隧道环境在线监测系统由洞内环境在线监测和洞外环境在线监测两部分构成。隧道环境在线监测系统通过传感器采集施工现场状况，经过数据处理分析传入后台，可显示现场环境监测指数，对于超过临界值的数据进行报警。借助视频监控可对隧道内状况进行监控。

UT1-3-3 隧道施工采取减振措施

为降低城市隧道施工对周围居民、建筑物和设施的影响，避免施工安全事故的发生，应采取相应的减振措施。

不同施工支护方案适用工况

序号	支护方案	适用工况
1	钢板桩加内支撑结构	地下水位较高，水量较多，软弱地基。不宜用于周围民用建筑物较多，且距离基坑较近的场所

续表

序号	支护方案	适用工况
2	SWM工法加内支撑结构	地层适应性广，可用于对环保要求较高的场所
3	排桩加止水帷幕加内支撑	一般适用于各种土层条件；不宜用于周围民用建筑物较多，且距离基坑较近的场所
4	地下连续墙加内支撑结构	可以贴近建筑物施工，适用于多种地基条件

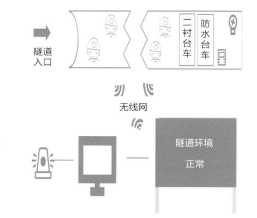

城市隧道施工环境监测系统

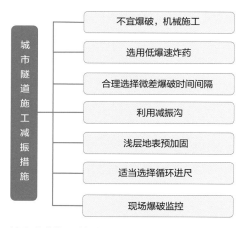

城市隧道施工减振措施

UT1-4
完善设置附属设施

城市隧道主体结构应确保安全可靠，还应配套完善的附属设施；附属设施的设置与完善，是隧道安全高效运营的必要支撑条件，尤其是救援通行空间、排水防涝设施、主动被动防火设施、交通安全设施等，对城市隧道的正常可靠运营和行车安全具有非常重要的意义。

UT1-4-1 通行空间满足救援要求

城市隧道可通过设置横向人行通道（或直接安全口）、人行疏散通道（安全通道）、车行横通道、紧急停车带、逃生滑梯、上下层楼梯、竖井、至地面楼梯及避难室等，实现灾害工况下的人员逃生和车辆疏散。盾构隧道可考虑通过在盾构底部设置人行疏散通道、加密楼梯间数量、设置重点排烟等措施，优先保证人员的安全疏散。

UT1-4-2 施工运营排水措施

1. 隧道施工排水措施

施工前要做好防施工排水设施，进洞前做好洞门及洞口仰坡、边坡的防护工程和天沟等排水设施，洞内废水经处理后达标排放，不能污染溪沟。便道施工不得随意开挖，以免造成水土流失。对于地下水发育地段且邻近村庄饮用水源产生严重影响时，采用"以堵为主，限量排放"的防排水设计原则。对于岩溶管道水，采用洞内设置桥梁、涵洞构造物等措施将因隧道开挖截断的管道水引入原来的水流通道，恢复原有的岩溶水系。

2. 强化隧道排水系统化

隧道排水应系统考虑，进行整体竖向控制，合理设置隧道纵坡，并采用外围拦截方式，防止外部雨水进入隧道。

在隧道防水板与二衬之间增设排水板的复合式防排水系统，排水板纵向布置间距视地下水发育情况而定，通常为2~5m。

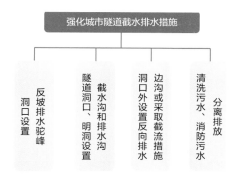

城市隧道截水排水措施

3．雨水泵房及强排设施

加强对隧道雨水泵房的设计，泵房内设备选型及数量应有一定的冗余，以保障极端暴雨天气隧道的正常运营及通行人员安全，在泵房内设置水位报警装置，当水位达到阈值，应及时报告隧道管理中心，必要时关闭隧道，防止造成人员伤亡。

UT1-4-3 加强主动被动防火设施

1．主动防火设计

隧道主体结构耐火等级为一级，采用防火内衬和耐火装饰材料，并采取掺加混凝土添加剂、纤维材料等措施提升结构本体耐火性能。

耐火混凝土是由骨料、胶结剂、外加剂三部分按一定比例制成混合料直接浇筑而成的特种混凝土。根据胶结剂的不同，耐火混凝土可分为铝酸盐耐火混凝土、水玻璃耐火混凝土、磷酸盐耐火混凝土和硫酸铝耐火混凝土等。

2．被动防火设施

隧道工作井和区间重要电气设备房间设置对设备安全影响小的自动灭火装置，发生灾害后能即时与消防部门联动；长及特长距离隧道内设置有专门的通风排烟系统，采用重点排烟；其他隧道内有防烟的疏散路径或通道，保证隧道内人员的疏散安全，并为灭火救援提供通风方面的保证。北方地区隧道的消防水管存在冬季冻胀问题，因此应考虑采用保温材料或电伴热技术对消防水管等进行保温处理。

3．消防水幕墙

将消防水幕墙按一定距离安装在隧道衬砌上，从而将隧道划分为不同的防火分区，将火灾烟气阻隔在不同的防火分区内，将火灾影响范围尽可能控制在最小空间，这种设施不仅可以控制火情影响范围，还能改善现在人员疏散仅依靠横洞和洞口的疏散路径，降低救援难度，减少人员财产损失。

UT1-4-4 隧道交通安全设施完善

1．采用发光标识

城市隧道的交通标识宜采用主动发光标识。该标识采用LED光源和逆反射材料制作，标识自身的光源能够满足全天候环境条件下的标志信息识别。

2．采用反光环

隧道内可采用反光环（反光轮廓带）等自发光诱导系统作为引导措施。采用外形轮廓与隧道内轮廓一致的铝板或不锈钢板制作，迎行车面粘贴一层高性能白（黄）色四类或五类反光膜，沿隧道内轮廓安装，一般间距为200 m，可根据隧道现场情况酌情考虑。

3．采用反光道钉

隧道可在内分合流点等交通复杂段设置反光道钉，对隧道导向作用明显。反光道钉又叫突起路标，是用反光材料利用逆反折射原理注塑成很多个角反射器的形状的交通安全设施，适用于道路标线中间、双黄线中间、公路交叉口及弯道、小区停车场、大型商场、隧道等场景，以起到提醒司机按车道行驶及注意导流分线等作用。

UT1-5

隧道运行监控系统

城市隧道具有结构封闭的特点，不仅要保障其结构稳定，还要保障其内部重要设备正常运转，同时隧道空气质量也要满足使用者的需求，尤其一旦出现火灾、水灾等情况，更要有完善的处置措施；因此，隧道健康监测系统、隧道环境监测系统、应急处置预案是保障隧道运营安全必不可少的三大要素。

UT1-5-1 隧道健康监测系统

隧道健康监测系统需具备基本的数据分析功能，可对监测数据进行可视化展示。系统可导出监测数据，方便进行时时分析健康状态。监测数据宜永久存储，形成数据资产，在存储空间有限情况下存储时间不宜少于5年。

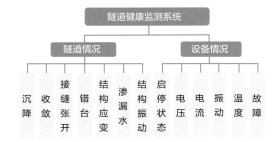

城市隧道健康监测系统

UT1-5-2 强化隧道环境监测系统

为保证城市隧道内司乘人员安全，提高隧道的舒适性，保持隧道内的空气质量良好，隧道的风速、能见度、光亮度应满足使用要求；需要及时获取隧道外环境信息，应建立完善的隧道环境监测系统。

UT1-5-3 完善隧道应急处置预案

城市隧道运营过程中，可能发生各类影响安全的状况，包括火灾、危险化学品泄漏、环境污染等，还有可能出现交通事故，特殊情况下发生自然灾害，包括暴雨、地震、台风等。针对上述状况、事故和灾害，在隧道建成运行前，应制定完善的应急预案及具体措施。

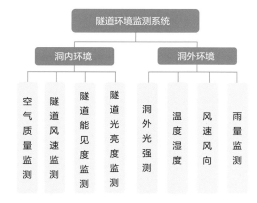

城市隧道环境监测系统

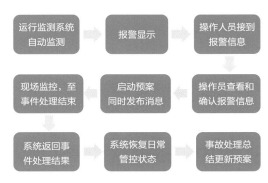

隧道事故处理预案启动与更新流程

UT2

节能低碳

UT2-1

积极利用节能材料

隧道低碳节能对城市绿色交通系统具有重要意义，可通过能源节约利用、绿色环保型建材使用等途径，推进城市绿色交通的有序发展；城市隧道的绿色设计应积极采用新材料、新技术、新工艺，提升装配式施工率、绿色建材使用比例，为城市创造更多的低碳节能绿色发展空间。

UT2-1-1 积极推进绿色建材使用

使用绿色建材，减少建材在隧道全生命周期中的消耗。

1. 周转材料利用

城市隧道项目施工中应积极提倡综合利用，推广应用标准化、定型化、工具化的施工防护设施和工具；应采取维修保养措施，以延长周转材料及设施设备使用寿命；加大周转材料（钢模板、钢框木模板、钢楞）、早拆支架工艺等的应用，减少木模板、木格栅等使用。

2. 纤维增强复合材料（简称FRP）的应用

FRP混凝土结构的应用：在利用混凝土进行隧道修补或隧道建设的过程中，在混凝土结构中应用FRP材料，加固混凝土结构，使隧道更加坚固、稳定。

FRP锚杆的应用：FRP材料具有较强的抗腐蚀性，利用FRP锚杆来代替砂浆钢筋锚杆作为隧道的支护，可以使隧道在FRP锚杆的支护下坚固、稳定地应用。

3. 多功能储能式发光涂料的使用

多功能储能式发光涂料具有增光增亮、延时发光的特点，可弥补人造光源光谱波长的不连续性，减少视觉误差，增强人眼视觉透视烟雾的能力，并具有逆反射诱导性，还可以释放负离子。经过改造后隧道光环境的照度、显色指数均有所增加。

未使用发光涂料 环境昏暗　　使用发光涂料 环境舒适

发光涂料使用效果对比图

UT2-1-2 隧道装配建造技术

城市隧道工程采用装配式支护结构是以成型的预制构件为主体，通过各种技术手段在现场装配成为支护结构。与常规支护方法相比，该支护技术具有造价低、工期短、质量易于控制等特点，从而大大降低了能耗、减少了建筑垃圾，有较高的社会、经济效益与环保作用。

隧道内部空间狭小，预制安装困难。可采取机械手的方式，实现智能建造。立柱基座预留插筋定位难，可加设钢筋定位盘，通过调节螺杆与基座钢筋连接，保证定位盘的稳定和水平。安装基准点控制难，可通过合理结构分块，精确定位立柱基础，采用现浇湿接头的方式释放误差。

UT2-2
倡导使用节能设施

由于城市隧道的封闭结构，需要设置大量的照明、通风、消防等设备，以保证隧道的正常运营及通车环境，而设备的运行需要消耗大量的电能；采取照明、通风节能技术措施，扩大节能电器的使用，可有效降低隧道电能的消耗，对隧道运营节能减排、低碳增效具有重要意义。

UT2-2-1 采取节能照明技术措施

1. 洞口设置减光设施

为了减弱"黑洞效应"和"白洞效应"，洞口外应设置减光设施，使洞口出现减光段，从而更好地过渡洞内外的亮度。

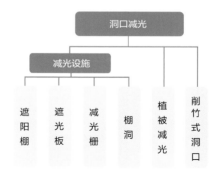

洞口减光措施

2. 采用节能灯具或反射率高的材料

隧道照明应采用光效高、能耗低的光源，LED因其能耗低，显色性好，易于控制，在隧道中被广泛应用。

隧道路面和侧壁为隧道提供背景，应选择反射率高的材料，路面尽量选择混凝土路面，并加入浅色石子改善路面亮度，采用明亮颜色作为内部装饰基本色调，如浅黄和浅绿色。

3. 采用智能照明控制

合理采用智能照明控制系统，根据功能分区、运行时间、室外照度等实现灯光设备的智能控制。通过网络技术、时控、光控等技术措施，可使入口段、过渡段、中间段、出口段等主要场所的照明实现最优控制。根据隧道运营时间、车流量等数据对应调整照明控制系统各项参数，例如照明灯盏数、四季开关灯时间、日出日落开关灯时间、强制开关灯等。

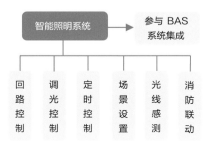

智能照明系统

UT2-2-2 加强通风节能设施的使用

自然通风排烟在满足设计功能的前提下，大大提高了经济性。隧道运营通风推荐采用纵向通风方式，并充分利用交通车流产生的"活塞风"，以节约运营通风能耗。风机的启停，应根据视距、一氧化碳浓度、风速、风向等数据进行台数控制，在夜间或交通低峰等车流量稀少的情况下，可部分启动或全部停止运行。以隧道运营综合大数据为基础，通风运营模式实现模糊控制和智能调节。

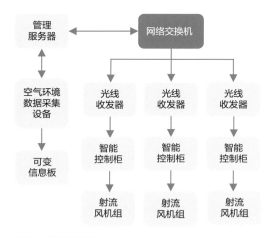

射流风机组控制流程

UT2-3
高效利用自然资源

自然资源高效利用有助于维护和改善生态环境，同时兼顾经济效益的最大化；城市隧道本身的下方可能具有地热资源，提取地热并加以利用，可实现供暖或制冷；隧道周围有太阳光线和清新的空气，优化隧道设计，采用隧道"天窗"、光导管、混合式光电转换采光等技术，可以高效利用自然光资源。

UT2-3-1 优化隧道通风采光设计

1. 合理设置隧道纵坡

隧道纵坡对需风量影响很大，特别是以稀释烟雾的需风量作为控制需风量的上坡隧道。因此，应合理设置隧道纵坡，使最小纵坡不应小于0.3%，最大纵坡不应大于3%。但短于100m的隧道，因纵坡对通风的影响较小，自然通风可满足隧道运营及火灾工况换气需求，可不受此限制。

2. 隧道"天窗"

对于较短较浅的隧道或者有条件开"天窗"的隧道，优先考虑自然通风排烟。隧道封闭段的长度直接决定排烟系统的设置与否及设计形式。给隧道"开天窗"，可一定程度上调整封闭段的长度，从而可以减少通风排烟设置，进而减少设备层的高度，大幅降低工程造价及后期运营成本。

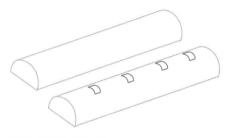

隧道"天窗"示意图

3. 光导管技术

城市隧道修建多采用明挖方法，且分布在市政道路下方，埋深较浅，为光导管的安装提供了有利条件。在隧道出入口设置光导管采光技术，实现入口段亮度与外部自然光线强度的联动。光导管布设数量应充分考虑建筑界限、拱顶其他设备及美观等因素综合确定。

4. 混合式日光照明系统

混合式日光照明（HSL）系统，主要由主动式日光采集器、光纤、太阳能电池和市电补充系统组成。混合式日光照明系统不但利用可见光，而且通过该系统中特制的冷光镜把红外线引入光电池，就可把日光变成电，提高日光的利用效率。同时，又把人工光源与光纤输出端共同置于出射装置内，当天气条件较差时和晚上，可启动人工光源，进行人工照明。

UT2-3-2 合理利用隧道地热

隧道地源热泵利用岩土介质温度相对大气变化较为稳定这一特点，通过提取岩土介质中的能量达到供暖或制冷的目的，属于清洁可再生能源利用，具有高效节能环保的特点，符合国家提出的建设节约型社会的政策。

在隧道初衬与复合式防水板之间或隧道内其他部位以各种方式埋设热交换管路，与隧道围岩进行热交换，利用热交换管内的传热循环工质与围岩之间的温差，提取隧道围岩中的地热能，打造同时具有结构和换热双重功能的隧道。

UT2-3-3 收集雨水用于隧道清洁

强排泵站是确保排水安全的重要保障措施。由于城市化地区地表污染负荷高，雨水径流包含大量地表径流污染物，大量雨水径流污水未经处理直排河道将对受纳水体造成严重污染。因此，可考虑隧道排水泵房与雨水调蓄池结合设置，也可降低城市用地紧张问题，高效利用空间资源。同时，对调蓄池中雨水进行沉淀、过滤等适当处理，可将处理得到的水用于隧道清洁，降低隧道清洁对洁净水的需求。

UT3
资源节约

UT3-1
节约集约利用空间

> 土地是人们赖以生存的重要资源，是我国经济社会发展的基础保障，城市隧道建设是节约集约利用土地的重要环节，如何合理和集约利用隧道空间，需要加以着重关注；城市隧道建设方案应协调和统筹利用通道资源，合理利用盾构工作井和隧道明挖段等空间资源。

UT3-1-1 协调统筹利用通道资源

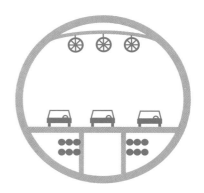

城市隧道空间利用示意图

城市隧道建设总体方案应协调好与地面、地下建/构筑物以及各种管线的关系，减少沿线用地及拆迁安置，统筹利用通道资源。城市隧道与综合管廊同期规划建设能够很大程度上节省空间，降低建设成本，减少资源消耗。

盾构隧道洞室中部设置为车行道，顶部安装风机等附属设施，底部可设置综合管廊或逃生通道等。

UT3-1-2 合理利用地下空间资源

隧道盾构段工作井应与盾构段施工工艺配合，确定合理的净尺寸，满足盾构机吊运、安装及进出洞的施工要求，同时宜利用工作井内空间，集中布置消防楼电梯、应急救援站及停车场、通风机房、变电所、泵房及管线等隧道附属用房和设施。隧道的明挖段，宜利用设计、施工过程中产生的结构空腔、高回填土区域，复合设置隧道工程以外的其他功能空间及设施，如地下停车场、地下雨水调蓄池等公用设施。

UT3-2

节约利用资源材料

资源材料是有限的，人类对资源材料的需求却是无限的。在城市隧道建设过程中，应高效利用资源材料，加大可循环材料的利用和废弃物再生利用，例如，隧道洞渣在工程建设、工程防护及工程材料等多方面各环节均有应用，可有效缓解资源困乏、自然生态损害等问题，有利于城市隧道建设的可持续发展。

UT3-2-1 加大循环材料利用力度

应大力推行废旧材料再生循环利用。积极推行废旧沥青路面、钢材、水泥等材料再生和循环利用。推广粉煤灰、煤矸石、矿渣、废旧轮胎等工业废料的综合利用。开展建筑垃圾的无害化处理与利用。积极应用节水、节材施工工艺，实现资源高效利用。

隧道再生利用材料主要包括路基、路面结构的隧道弃渣、再生铣刨料和建设范围内的淤泥等特殊土处置后的材料等。

材料循环利用示意图

UT3-2-2 利用隧道洞渣制备砂石

隧道洞渣在工程建设、工程防护及工程材料等多方面各环节均有应用，可以有效缓解项目面临的地材资源匮乏、运输成本高以及自然生态破坏等问题。

尤其将洞渣应用到隧道洞内，做再支护，既可以避免隧道弃渣的丢弃造成环境污染，还能减少工程支护材料采购量，降低工程造价，保护生态环境。

隧道洞渣主要利用场景

UT4

环境友好

UT4-1

保持水土保护生态

隧道的建设运营会对周围的环境造成一定的影响，尤其是隧道的施工开挖过程，会造成一定的水土流失，为防止地下水流失，保护地表植被，要优化工程设计方案、完善施工措施；隧道因其封闭的结构，导致其运营环境往往较差，因此要采取对应措施，着重防尘降噪，改善隧道内的行车环境。

UT4-1-1 完善技术措施保持水土

1. 合理布置施工场地

合理布置施工场地，生产生活设施尽量少占农田、林地，施工尽量不破坏原有植被，不损坏用地范围外的耕地、树木、果林、池塘、水渠及其他设施，保护自然环境。

2. 隧道洁净地下水排放

隧道内渗出的洁净地下水，不通过隧道排水管沟引入市政排水管网，可通过隧道结构预埋排水管，将洁净水排入地下。此举既能降低市政管网压力，也可降低排水系统造价。

3. 施工弃渣统一堆放

施工弃渣应按指定位置统一堆放，严禁随意将弃渣弃于河道、沟谷之内，杜绝随意倾倒，及时做好支挡和绿化。一般选择在坡度较缓的荒山沟处设置弃渣场，避开大面积汇水地带滞留谷地。砌筑的片石挡渣墙有泄水孔，渣底设有排水管道。工程完工后，场地平整并复土，植草种树。

4. 融雪融冰采用环保技术

因路面结冰极易导致交通事故，快速融雪融冰是解决该问题的关键。目前，融雪融冰技术较多，包括：氯盐类融雪剂、机械除冰雪、自应力破冰技术、太阳能融雪技术等。

自应力破冰是通过在路面铺装材料内添加一定量的弹性颗粒材料，改变路面与轮胎的接触状态和路面的变形特性，利用弹性材料局部变形能力较强的特性，通过路面在外荷载作用下产生的自应力，使路面冰雪破碎融化。

也可以搭建太阳能融雪系统，加快路面的温度升高从而融化路面上的冰雪。该系统一般由集热装置、蓄热体和融雪装置三个部分组成。

UT4-1-2 避免施工废水直接排放

采取处治措施，避免隧道施工过程中排放的废水、注浆加固围岩所漏失的有害浆液等污染当地水体。施工时隧道洞内涌水的出水点，采用截水管直接排出洞外并加以利用，避免沿洞内水沟与污水混合后排出，污染环境。

利用洞外自然沟壑地形，设置专门的污水处理设施。经处理后的水质，应符合接纳水体的排放标准。施工过程中一旦出现出水量较大的地段，严格采取帷幕注浆法，进行注浆堵水，合格后再进行隧道开挖，防止地下水流失。

UT4-1-3 施工泥浆分离与再利用

隧道施工，尤其是盾构施工，可能产生大量的泥浆。因泥浆黏度大、所含固体颗粒细小、量大而施工工期紧张等特点，直接采用机械处理的方法进行脱水，废弃泥浆中的固体颗粒就容易堵塞脱水机滤孔，或对滤布产生较大磨损，使废弃泥浆固液难以分离。因此，必须在处理前对废弃泥浆进行调质和改性处理；还可以通过先进工艺使泥水快速分离，弃浆快速干化，然后就地回收利用，实现弃浆零排放。

UT4-1-4 做好临时用地复耕绿化

做好临时用地复耕和永久用地水土保持。临时用地事先将表层耕植土集中堆放，完工后复耕或绿化，同时修好排水系统，防止水土流失。施工过程中严禁将含有污染物或可见悬浮物的水排入河渠或水道，并保护原有的防护设施。对永久用地范围内暴露地表用植被覆盖，临时用地要进行复耕，裸露部分要植草或种树，注意对标段内的树木、农田、果林保护。

UT4-1-5 加强技术措施防止扬尘

1. 抑制施工防尘

隧道施工易引起扬尘，必须采取有效措施予以防止。

2. 采用静电除尘技术

随着城市隧道建设长度的增加及环保要求的提高，在无条件设置高排情况下，隧道通风需采用静电除尘技术，使污染气体在隧道内经净化处理后排放，该技术能够有效降低隧道污染物排放，改善隧道洞口环境。静电除尘站的布置方式有吊顶式、旁通式和竖井式。

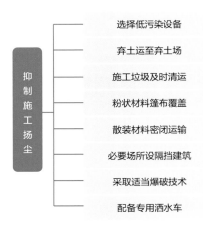

抑制施工扬尘措施

UT4-1-6 加强技术措施降低噪声

1. 施工降噪

隧道施工因爆破、使用大型设备会产生大量噪声，不仅对周围居民生活产生影响，对施工人员的健康也会造成伤害，因此，应采取必要的施工降噪措施。

施工降噪措施示例

2. 采用降噪路面

常用低噪声路面类型包括多孔隙沥青混凝土、橡胶沥青混凝土、超薄抗滑沥青磨耗层材料、沥青玛蹄脂（简称SMA）碎石混合料等材料，优先选用沥青玛蹄脂碎石混合料，条件允许下采用大孔隙开级配排水沥青磨耗层（简称OGFC）。

3. 采用吸声材料

城市隧道吸声材料的选择应综合权衡材料厚度、密度、空隙率、安装布设方式及现场温湿度等外部条件。圆形横断面隧道入口顶部装饰宜采用平板结构或者空间声体结构，侧墙装饰宜采用平板结构，吸声板与隧道结构面的距离宜为200~400mm。目前常用的吸声材料有穿孔铝板、吸声式搪瓷钢板、吸声砂岩板等。

4. 采用低噪声设备

城市隧道内水泵、风机等动力设备应选用低噪声设备，并设置在必要的专用机房内，各种设备传至行车道内的噪声不应高于85dB（A）。风机、水泵等动力设备宜在设备机座或者基础下设置隔振垫或减振器等，在设备直接连接的进出管道上设置柔性接头或消声器。

UT4-2

景观设计美化环境

城市隧道建设应注重地域文化特色的融合设计，对城市重点功能区、自然风景区等地段的隧道工程，可结合当地文化元素进行装饰美化，在隧道出入口风貌、内部装饰等集中展示地区文化特色，实现隧道工程与周边人文环境相协调；此外，在施工过程中也要考虑对周围环境的影响。

UT4-2-1 优化隧道施工围挡设计

围挡应整体设计，造型、色彩、图案应与周围环境相协调，体现人文特色设计，且不影响行人通行。围挡景观设计的常用手法包括：手绘、电脑喷绘、立体浮雕等。围挡材质使用较高强度材料，基础应坚实稳固，提倡使用新型节能环保材料。围挡材质一般采用实体砌筑围墙或轻型钢结构彩钢面板。

UT4-2-2 加强隧道洞口美化设计

1. 洞口位置及形式

合理选择洞口位置，灵活设计隧道洞门形式。从洞口地形、地质条件、减少占地及保护自然环境等多方面综合考虑，合理选择隧道洞口位置。贯彻"早进晚出、零开挖自然进洞"的原则，减少洞口开挖，避免在洞口形成高边坡和高阳坡。洞门形式、洞口建/构筑物整体造型和景观应协调一致。考虑与自然景观的协调性，应优先选用结构体量较小的明洞式洞门。

2. 洞口植被选择

合理选择洞口绿化植被，提升洞口景观效果。设计前应对现场植物充分调查，因地制宜，依据原址植物生长情况，设计栽植树种，做到设计绿化与原有绿化和谐统一。

洞口植被选择

此外，隧道的通风口、排烟口、采光口等隧道的关键部位，是隧道与外部环境的连接要件，也是隧道与周围环境协调统一的重要体现。因此，在考虑其功能保障的前提下，也应考虑其与周围景观环境的协调性。

UT4-2-3 加强隧道洞内景观装饰

洞内装饰材料应环保，色彩、图案应有利于照明和行车的安全舒适。将光学艺术装置或景观灯带设计运用到隧道照明设计中，可有效缓解视觉疲劳，起到速度提示、路况提示的作用，同时增加美化隧道内装饰效果。对于侧壁景观照明宜选用间接照明的方式，如光源对仿生植物照明、背板反射式的壁灯等；如需采用直接照明的线性或点光源进行美学构图时，宜选用磨砂面板类灯具。

UT5

全程管控

UT5-1

设计与施工信息化

> 隧道工程是高风险工程，为了克服施工中的困难，保证施工与运营安全，隧道施工中需要设置完善的检测系统，提高隧道安全指数，与此同时行业内正在不断提高隧道工程设计与施工的信息化水平，积极采用前瞻技术，推进隧道"四新"技术应用，推动城市隧道的智慧高效运营与可持续发展。

UT5-1-1 BIM技术设计与施工融合

利用BIM技术，合理安排电气设备和通风管道的位置，在三维空间内实行合理交叉，优化建筑平面和立体布局，减少占地面积。合理安排各专业施工作业顺序非常重要，可以减少返工，并利于成品保护，减少资源浪费。通过应用BIM技术，可以检查各专业碰撞情况，合理安排各专业施工顺序，做好预留预埋工作。

UT5-1-2 加强隧道前瞻性设计

在隧道设计过程中，应积极推进隧道"四新"技术的应用，加强隧道前瞻性设计，提高隧道本身可持续改进的空间，使隧道与其他交通参与方的技术发展相匹配，比如车路协同技术、新能源汽车技术、万物互联技术等，推动和实现隧道的智慧高效运营与可持续性发展。

UT5-1-3 完善隧道施工监测系统

为提高隧道建设安全指数，在隧道施工中需要进行监控的部位（如洞外广场、洞内二衬、掌子面附近等）安装相应的摄像设备和传感器，将现场画面和数据通过无线网桥、有线（光纤）传输到控制主机、监控中心或指挥中心等处，并可通过联网方式，实现远程、异地查看施工现场实时情况。

UT5-2

加强智慧运营管理

为保障城市隧道运营高效，应加强隧道智慧管理；隧道综合交通信息管理平台以隧道综合管控为导向，建立"管理、运维、监测、控制、指挥、调度"多维度融合管理模式，提高设备控制、事件预警、流程管理、应急处置综合能力，形成围绕"感知、预警、决策、控制、分析"业务闭环的隧道综合管控解决方案。

UT5-2-1 隧道综合交通信息管理平台

为使城市隧道运行安全、智慧、高效、绿色，应搭建综合交通信息管理平台。

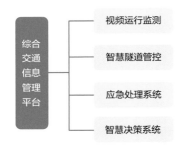

综合交通信息管理平台

UT5-2-2 隧道综合交通信息场外系统

为及时掌握隧道现场运行状态，合理控制隧道信号系统，及时进行违法抓拍等，隧道应具有综合交通信息场外系统。

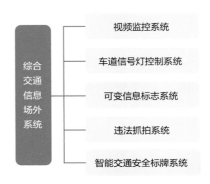

综合交通信息场外系统

UT5-2-3 运用BIM设备状态可视化

运用BIM可视化技术，丰富智慧运营管理系统，将隧道内排水、消防、供配电、照明、监控、通风等系统的设备位置、运行状态、功能及设备信息均纳入平台，从管理中心到现场设备均可直观地了解设备运行状态。通过三维可视化可以提高隧道交通事故、火灾事故等应急指挥能力，减少事故人员伤亡和财产损失。

RT

RT1-RT4

轨道交通

RAIL TRANSIT

RT1 安全可靠	RT1-1	选择适宜施工方法
	RT1-2	防灾设施系统完整
	RT1-3	加强运营安全措施
	RT1-4	应急预案管理措施
RT2 统筹布局	RT2-1	科学规划线网线路
	RT2-2	合理选择轨道制式
	RT2-3	统筹完善交通接驳
	RT2-4	积极引导协同开发
RT3 节能环保	RT3-1	建设运维节能降耗
	RT3-2	充分利用再生能源
	RT3-3	建设运营环境友好
RT4 智慧建造	RT4-1	智慧管理提升品质
	RT4-2	健康车辆智能运维
	RT4-3	设施设备智能监管

RT1

安全可靠

RT1-1

选择适宜施工方法

> 城市轨道交通结构的施工方法确定，应结合场地的工程地质、水文地质、环境条件、交通条件、费用和工期等因素，进行综合技术和经济比较分析；因地制宜地确定城市轨道交通的结构设计、建筑材料和施工方案，这是保障隧道工程质量的前提，也是轨道交通建设安全的必备条件。

RT1-1-1 选择适宜车站施工方法

城市轨道交通车站的施工方法，一般选择明挖法、盖挖法和喷锚暗挖法。

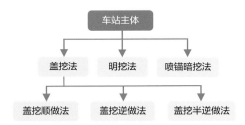

地下车站主体结构施工方法

优先选择明挖法。当受环境或其他因素制约，如车站位于交通繁忙、路面狭窄地段，且不允许长时间封闭交通等地段时，可选择铺设临时路面，采用盖挖顺做法施工，或选择盖挖逆做法、半逆做法施工；当车站位于交通繁忙或因技术经济原因，不宜采用明、盖挖法施工时，可采用喷锚暗挖法或明暗相结合的方法施工。位于岩石地层中的车站，若围岩稳定性好、覆盖层厚度适宜时，可选择喷锚暗挖法施工。

RT1-1-2 适宜区间建造工法

区间隧道的施工方法，通常选择明挖法、盾构法和喷锚暗挖法。

一般情况下，优先选择盾构法。在地面空旷且隧道埋深较浅的地段，经技术经济比选确有优势时，可采用明挖法施工。在围岩条件较好、隧道埋置较深、沿线没有足够的施工场地或受其他环境条件制约不具备盾构或明挖法施工条件的情况下，可考虑采用喷锚暗挖法施工。

RT1-1-3 设计施工的装配式

在轨道交通工程中采用预制装配式技术，可实现绿色节能环保、提高工程质量、缩短工期、改善作业环境及提高工业化程度。在设计阶段，提前对装配式建筑的预制装配率、结构形式、使用部位及造价成本进行统筹考虑，针对项目预制装配式施工安装需求，提前对设计方案进行全面优化及完善，提高设计质量。

当车站采用装配式技术时，应对多条件下的结构体系及接头进行抗震性能分析；综合考虑装配式地下结构特性，充分发挥预制装配技术工序简洁、准确定位、快速拼装的理念和优势，合理选择接头形式；在接头、接缝等关键位置构建密封防水结构体系；优先采用闭腔薄壁等方式使结构轻量化；合理选用适宜施工技术及专用施工装备。

RT1-2

防灾设施系统完整

> 防灾设施应完整，根据消防设计原则，加强防火设计，车站及区间配备火灾自动报警系统，以便第一时间掌握火灾发生的具体情况并及时处置，完善防排烟、应急照明、消防给水排水等系统体系，同时加强防洪防涝体系，完善地震等其他灾害防控体系，确保防灾设施完整、完备。

RT1-2-1 加强防火设计

地铁车站，站厅大头端、设备用房，均需设置疏散楼梯。站厅小头端，需要根据实际情况合理设置设备用房，通过防火墙划分，并设立防火门，通向相邻防火分区。站台层需要对各个设备用房分隔，划分不同防火分区。

对于防火墙设置，若管道穿越防火墙时，在防火墙缝隙填实不燃材料。防火分区之间，应设置防火墙，耐火极限大于等于3h。

装修材料采用不燃材料。避免选择石棉或者玻璃纤维，避免预热出现相应有害气体。

地铁车站安全疏散尤为重要，站台层至站厅层应布置楼扶梯，需要合理设置数量及宽度，若发生火灾时，需在4min内，实现人员撤离。

RT1-2-2 防排烟系统设施完善

地铁车站防排烟系统设计应满足火灾工况时迅速组织气流，有效排除烟气，引导乘客安全撤离火灾区域。同一条线路、一座换乘车站及其相邻区间的防火设计，应按同一时间发生一处火灾计。区间隧道内发生火灾事故时，按两个区间风井之间仅有一列车滞留考虑。

防排烟系统体系完善主要包括：（1）区间隧道、渡线、停车线、折返线、联络线、出入场段线等线路岔线区域的通风及防排烟体系；（2）车站站台门外侧轨行区排热及排烟体系；（3）车站公共区通风空调及防排烟体系；（4）车站管理及设备用房的通风空调及防排烟体系。

防排烟系统

RT1-2-3 应急照明体系完善

地铁应急照明系统要确保在两路市电都发生故障时，依靠蓄电池放电能维持一定时间的照明，为疏散指示系统提供电源，方便车站疏散乘客，保护乘客生命和财产安全。地铁应急照明优先采用EPS应急电源。应急照明电源系统容量应保证备用照明和疏散照明负荷满负荷持续运行60min用电需求。车站应急照明控制系统应与正常照明、广告照明、导向标志照明统一考虑，采用智能照明控制系统。

RT1-2-4 完善消防给水排水体系

地铁内的消火栓系统使用独立的增压系统，增压泵应考虑车站到区间1/2的流量以及扬程。每一个消火栓箱之中，有相应的水泵启动及报警按钮，显示消火栓泵的实际工作情况。消防水管在进入车站之后，形成相应的环状结构，对于地下站在区间之中，设置下行消防给水管，并且将其和相邻车站的消防给水管在区间的中部进行连通，在连通的位置设置相应的手动电动阀门。车站消火栓的布置应保证每一个防火分区同层有2支水枪的充实水柱同时到达任何部位。

RT1-2-5 防洪体系完善

轨道交通的防洪工程建设，应结合城市防洪排涝规划及建设项目水影响评价报告的要求，因地制宜采取针对性的措施。

轨道交通工程线站位方案要将防洪纳入研究。低洼区域的隧道洞口和下沉广场应作为重点位置，设置阻水挡水设施。出入口防淹平台高度大于周边地面高0.45m，在出入口平台处设置防淹挡板，保证站内设备设施免受洪水侵袭；在车站与区间处设置防淹门，当车站或区间一个防护单元发生倒灌时，有效阻止水流向其他防护单元蔓延。隧道内排水泵站保障有效组织排水，可应对一般性洪涝灾害，为抢险救援赢得宝贵的时间。

RT1-2-6 完善其他防灾体系

建立防雷灾、地震等防灾系统，地铁站的防雷接地措施一般包括供电系统的防雷措施、地铁站的接地网防雷措施等；车站抗震等级一般按一级考虑，结构设计年限按100年考虑，能在7度地震下车站主体结构不倒。

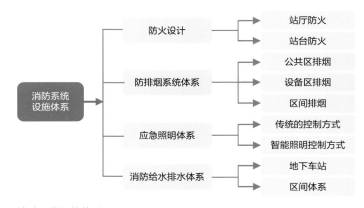

消防系统设施体系

RT1-3

加强运营安全措施

> 确保安全是城市轨道交通日常运营中的首要任务，首先要采取措施确保轨道交通列车及设施设备运行安全，同时加强安全评估和风险防控措施，完善智能安防系统，通过科学的管理方式，合理的人员安排和组织机构设置，保障城市轨道交通系统的安全高效运营。

RT1-3-1 强化列车及设施运行安全

轨道结构应具有足够的强度、稳定性和耐久性，轨道及安全设备完善并处于安全运营状态；向地面传输在途地铁列车安全运行状态信息，为实现对在途地铁车辆的运行安全监视、预警提供数据支持；车辆的接地系统应满足现行国家标准要求；车辆应设置自发光材料制成的紧急疏散指示标识，疏散标识应与客室内装饰融为一体，当进行疏散时，能够对乘客进行有效指导与引导；客室、司机室应配置便携式灭火器具，采用环保无毒的水基灭火器，安放位置有明显标识且便于取用。

RT1-3-2 强化安全评估措施

理清城市轨道交通参与各方的责任，运用风险管理的手段，明确参与各方在轨道交通建设和运营中的设计、建造、制造、安装、调试、运行等系统生命周期各阶段的责任，强化过程伴随的重要性，确保轨道交通建设和运营的安全。强化日常监管和动态评估管理工作，降低公共安全事故发生率。将安全责任层层落实，严格明确每个人的责任和义务，并采取相应措施对地铁危险源进行有效预测和控制，降低意外事故的发生率。

RT1-3-3 运营安全风险防控

城市轨道交通运营必须作好风险防控，在轨道交通运营中，有很多安全风险因素，需要建立全周期城市轨道交通安全风险防控机制。树立"居安思危、系统防范"的理念，应主动、科学地去预防事故、控制风险，将其降低到可以接受的程度。抓住风险预警与应急决策，充分利用大数据、云计算、人工智能、物联网等信息技术，风险实时预警、应急决断科学，实现分色预警、分级响应和分类处理，保障运营安全。

RT1-3-4 完善智能安防系统

智能安防系统的完善主要包括完善通信、应急照明、通风、排烟、灭火等系统。

确保突发事故发生后的通信系统畅通，保障救灾调度指令和灾情信息能及时上通下达；应急照明系统保障遇突发事故时，若不能提供正常照明，有应急照明的起动机制和预案；通风、排烟、灭火系统在发生突发事故后，迅速开启通风系统、排烟系统、自动喷水系统或水幕系统。

RT1-4

应急预案管理措施

应急预案是有效防范和控制可能的运营突发事件、最大限度减少财产损失、保证生命安全的重要保障措施。应急预案的编制内容应全面完整、方法可行、简明易懂，且岗位职责分工明确，符合突发事件的现场处置流程。日常运营活动中应严格落实应急预案措施，强化演练，有效应对突发事件。

RT1-4-1 全面有效编制应急预案

运营单位级的应急预案应包括综合预案、专项预案、现场处置方案，编制《应急预案快速指南》，运用流程图简明、清晰的特点，直观反映各岗位人员应急工作流程和主要步骤。

全面排查，确定风险。运营单位应全面分析运营特点，排查相关危险源的种类、数量和分布情况，以及可能发生的运营突发事件类型及危害程度。

评估风险等级，制定管控措施。应急预案编制过程包括排查隐患种类、评估风险等级、制定管控措施等步骤。根据因果分析结果和运营风险等级划分，运营单位可制定相应的应急响应等级及应急措施，确保有效应对。

RT1-4-2 落实应急预案措施

地铁运营设施、设备，如车站扶梯、直梯、屏蔽门等在突发事件中的运行状态决定乘客安全疏散的质量。消防设备如灭火器、消防水泵等车站消防系统必须符合技术要求，及时在地铁突发事件中发挥作用。严格把关各项技术，保证地铁突发事件、事故、灾害后续的抢险救灾工作。

应制定应急工具配备标准，确保状态良好，为应对突发事件提供有利条件。

RT1-4-3 突发事件应急处置

突发事件发生后，地铁相关调度控制管理人员立即按规定发布信息通报，并准确判断突发事件性质、原因等，根据实际情况汇总报告，安排疏散乘客、应对事故等工作。

当调度控制指挥中心无法正常工作时，各值班人员有责任开展相关应急处理，同时着手调查突发事件的影响，展开抢险救灾工作。车站工作人员应判明事故情况，沉着冷静，积极维持秩序，协助疏散乘客。

司机应立即采取紧急措施，坚守岗位，利用一切有利可行措施组织乘客，发送求救信号，实施求救或自救举措。

RT2

统筹布局

RT2-1

科学规划线网线路

结合城市人口流动特点、近远期规划要求和财政收入能力，以及计划轨道交通出行比例等因素，在最大限度节省投资前提下，实现线网指标的稳步提升。车站选址和总体布局应符合所在地综合规划、环境保护和城市景观的要求，建设规模按预测远期客流量和列车最大通过能力确定。

RT2-1-1 系统分析准确预测

基于城市经济社会发展、城市规划特征、沿线土地开发利用及线路客流特点的分析，客流预测采用整体研究和具体预测相结合的方法进行。具体作法为：收集城市规划、经济、人口、就业及土地利用等基础资料，依据居民出行调查结果，建立出行产生、吸引模型；依据出行分布模型，预测全方位出行量、吸引量及分布量；通过不同出行交通方式时间的竞争进行交通方式划分；准确预测轨道交通线路的客流量。

交通需求预测模型要准确预测，基础数据尽可能准确全面。基础数据应包括经济社会与土地使用方面的数据和交通系统数据。经济社会与土地使用方面数据应包括研究区域各交通小区的人口、居民家庭、就业岗位及分类别的土地使用情况等。

客流预测

RT2-1-2 合理规划线网线路

线网规划要以城市发展、经济发展、城市交通发展政策和服务水平目标为依据，以交通分析为主导，定性分析和定量分析相结合，静态和动态相结合、近期规划与远景方案相结合，同时考虑经济效益。

线路走向应满足城市布局结构和出行总量需要，并适当兼顾城市将要开发地区的发展需求。线网规模的准确把握应使其在不同阶段都能满足出行客流的要求，发挥最大的作用。

合理规划线网	
远期城市开发	土地开发需求
提供服务人口	增加就业率

合理规划线网

RT2-1-3 车站辅配线规划疏导运营

车站辅助配线应结合轨道交通线网规划，考虑方便旅客换乘，尽量减少乘客换乘次数及等待时间，尽量避开客流断面较大区段，节省折返时间，方便运

营，兼顾折返站设置的工程条件，提高服务质量。

针对轨道交通线路，应当致力于优化行车组织，尤其是布置大、小交路的特殊线路。优化地铁线路当前所处的行车方位以及行车状态，有助于在根本上舒缓地铁通行承受的整体压力，保障路段通畅性，并且服务于通车安全。

在未来的实践中，还需要更多关注轨道交通的大、小交路，因地制宜选择适当的调度措施来提升轨道交通通行的安全。

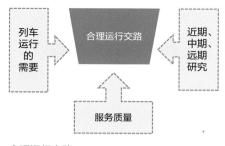

合理运行交路

RT2-1-4 合理规划车站站位

车站是轨道交通线路的重要组成部分，是轨道交通乘客的集散点，车站站位的选择直接影响轨道交通对客流的吸引，以及社会效益和环境效益，乃至影响城市规划和城市景观。

车站站位设置需考虑线网分布、客流吸引、建筑拆迁、市政管线、道路交通疏解、城市规划、地块开发等内容。

轨道交通线站位应与规划道路红线协调，站位位于地块内时，与地块整体方案融合；规划地铁车站与周边地块相协调，设置预留接口，与地块方案融合；在保证轨道交通功能前提下，采用线路叠落、站台错位、楔形或鱼腹式站台等压缩车站宽度，采用设备层或局部夹层等压缩车站长度规模。

RT2-2

合理选择轨道制式

城市轨道交通可划分为地铁系统、轻轨系统、单轨系统、有轨电车、磁浮系统、自动导向轨道系统、市域快速轨道系统等，在城市轨道交通规划时，要结合城市发展长远规划，进行全局统筹、因地制宜，根据近、中、远期客流预测及环境特点，选择合理的轨道交通制式。

RT2-2-1 地铁系统交通制式

地铁系统用于特大城市、大城市等的中心区域，在城市地下隧道中运行，有条件时也可在地面或高架桥上运行，并采用钢轮钢轨体系，1435mm标准轨距。地铁系统客运能力为4.5万～7.0万人次/h，平均运行速度大于35km/h，最高行车速度不小于80km/h，具有运量大、能耗低、技术成熟、噪声大、造价高的特点。

RT2-2-2 轻轨系统交通制式

轻轨系统用于大城市、中城市的繁华街区，在专用轨道或高架轨道中运行，并采用钢轮钢轨体系，1435mm标准轨距。轻轨系统客运能力1.0万～3.0万人次/h、平均运行速度为25～35km/h；最高行车速度不小于60km/h，具有中运量能耗低、技术成熟、振动噪声大的特点。

RT2-2-3 单轨系统交通制式

单轨系统用于大、中城市，在专用线路中运行，车辆与特制轨道梁组合，轨道梁既是车辆的承重结构，也是车辆的导向轨道。单轨系统包括跨座式和悬挂式，跨座式系统客运能力1.0万～3.0万人次/h、平均运行速度为30～35km/h；悬挂式系统客运能力为0.8万～1.25万人次/h，平均运行速度大于20km/h，最高行车速度不小于80km/h；两种系统具有中运量，噪声低、爬坡能力强、转弯半径小、胶轮易老化的特点。

RT2-2-4 有轨电车交通制式

有轨电车系统用于中、小城市中，并采用专用线路。运行模式为混合车道、半封闭专用车道（优先信号）、全封闭专用车道（平道口立交）。单箱或铰接式有轨电车客运能力为0.6万～1.0万人次/h，平均运行速度为15～25km/h；导轨式胶轮电车客运能力小于1.0万人次/h，最高运行速度70km/h，系统具有低运量布线灵活，造价低的特点。

RT2-2-5 磁浮系统交通制式

磁浮系统用于城市机场专用线或客流相对集中的点对点线路。在高架桥上运行，利用电导磁力悬浮技术使列车悬浮运行，采用直线电机驱动，也可在地面或地下隧道中运行。其客运能力1.5万～3.0万人次/h，高速磁浮列车最高行车速度约500km/h，中低速最高行车速度100km/h，系统具有中运量，噪声低，爬坡能力强，转弯半径小，可实现全自动和无人驾驶的特点。

RT2-2-6 自动导向轨道系统交通制式

自动导向轨道系统用于大、中城市中，大城市开发区，山地城市，江河城市或旅游区。在专用轨道上运行的旅客运输系统，列车沿着特制的导向装置行驶，可实现全自动化管理和无人驾驶，线路可采用地下隧道或高架桥形式。该系统客运能力为1.0万～3.0万人次/h，具有中运量、爬坡能力强、转弯半径小、振动噪声低、综合造价低的特点。

RT2-2-7 市域快速轨道制式

市域快速轨道系统用于城市区域内重大经济区之间中长距离的客运交通。在地面或高架桥上运行，采用隧道、钢轮钢轨体系，轨距为1435mm。系统客运量可达20万～45万人次/d，运行速度可达120km/h，具有大运量、能耗低、技术成熟的特点。

轨道交通制式指标及特征

	线路条件	客运能力及速度
地铁系统	线路半径≥100m	N:4.5万~7.0万人次/h
	线路坡度≤0.06	V＞35km/h
轻轨系统	线路半径≥50m	N:1.0万~3.0万人次/h
	线路坡度≤0.06	V:25~35km/h
单轨系统	线路半径≥50m	N:0.8万~1.25万人次/h
	线路坡度≤0.06	V≥20km/h
有轨电车	线路半径≥30m	N:0.6万~1.0万人次/h
	线路坡度≤0.06	V:15~25km/h
磁浮系统	线路半径≥50m	N:1.5万~3.0万人次/h
	线路坡度≤0.07	中低速最高速度100km/h
自动导向轨道系统	线路半径≥30m	N:1.0万~3.0万人次/h
	线路坡度≤0.06	V≥25km/h
市域快速轨道系统	线路半径≥500m	120~160km/h
	线路坡度≤0.03	

RT2-3

统筹完善交通接驳

各种交通方式应相互补充，协同发展，交通方式之间的接驳换乘问题是多方式组合协调发展的核心问题；建立良好的换乘系统，实现各种交通方式的立体无缝衔接，充分发挥各种交通方式的特点，提高不同交通方式之间的换乘效率，统筹完善交通接驳，可有效解决城市交通拥堵问题。

RT2-3-1 合理选择换乘方式

轨道交通车站设计要"以人为本"，为接驳换乘设施的建设预留条件，合理安排换乘距离，尽量减少换乘高差，提倡多线共用站台。轨道交通车站要考虑与周边人行过街设施、公共建筑结合；车站内部要设置有明显的换乘标志，引导乘客快速、有效换乘。

线网的两条线衔接换乘，采取合理换乘方式，如果其中一条线路远期预留，则考虑设置预留条件和接口，换乘路径应顺畅，不产生严重交叉，车站每个换乘方向的步行时间均小于3min，换乘路径上满足无障碍通行要求，换乘车站实现机电设备、设备管理用房资源共享。

RT2-3-2 实现多种交通衔接

1. 与常规公交的衔接

（1）形成轨道交通与公交紧密衔接的公交换乘枢纽，实现立体化"零换乘"。

（2）调整轨道交通沿线客运走廊的公交线路，形成相互支援、优势互补的公共交通网络，稳步提升公交出行比例，结合道路结构和功能，从"线、面"两方面优化重组公共交通系统资源，实现常规公交与轨道交通之间的优势互补。

（3）以车站为核心，组织短途接驳巴士，加强对大型公建、主要居住区及大型屋村等客流的收集，延伸网络的辐射。

2. 与小汽车交通的衔接

在城市边缘地区的轨道交通枢纽站设置公共停车场或结合轨道交通站周边的物业开发设置地下停车库，形成"P+R"系统，促使个体交通向公共交通转化。

3. 与出租车的衔接方法

根据实际需求设置出租车停靠场、候客区及临时停靠区，候客区要限定车位及候客时间，在核心区或中心区最好不设置候客区；停靠场一般占地面积大，设置在大型综合交通枢纽内。

轨道交通衔接

RT2-4

积极引导协同开发

> 运用TOD的理念，以站点为核心的一体化设计，引导居住、就业中心向轨道站点集中，建立与轨道交通网络协调发展的紧凑高效的空间格局，促进轨道交通与周边地块相融合，引导城市发展，优化资产配置，支持城市经济社会发展模式转变。

RT2-4-1 轨道交通与商业/住宅相融合

以站点为核心的一体化设计，应包含对车站、车站上盖、周边地块商业开发、地下空间、交通接驳设施、城市公共空间环境、景观及其他市政基础设施的一体化设计。

轨道交通车站在不影响客流流线的基础上，合理设置小型便民服务空间；轨道交通地下空间可以综合利用，配线上方空腔可作为商业开发或建设地下停车等。

轨道交通线站位应与规划道路红线协调，与地块整体方案融合。

商业/住宅

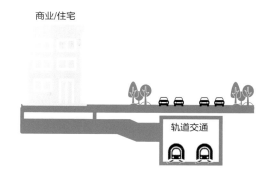

轨道交通与商业/住宅相融合

RT2-4-2 轨道交通引导城市发展

运用TOD理念促进土地高效集约利用，引导居住就业中心向轨道站点集中，建立一个与轨道交通网络协调发展的紧凑高效的空间格局，保证城市空间增长与TOD策略协调，支持城市经济社会发展模式的转变。

城市轨道交通要从以下两方面引导城市发展：

（1）使车站周边原有劳动密集型工业用地向商业、居住以及高新技术产业用地转换发展。同时，商务中心区的扩展进一步促进商住用地的再度开发。

（2）使车站周边的老住宅区特别是一些低于现行规划标准的住宅区再度开发（即加大旧城改造的力度）。

大型站点（如重要的客流集散和换乘枢纽、繁华热闹的社区购物、休闲活动中心等）应加强站点周围区域高强度开发，既有利于土地的集约使用，更有利于周边人流的吸引。

RT2-4-3 优化城市资产配置

轨道交通建设根据一体化开发项目的控地范围、用地面积、限高、容积率等规划要点，以交通换乘便捷及上盖物业开发利益最大化为原则，合理设置功能和业态，实施多用途地上、地下综合一体化开发。发挥轨道交通在土地综合开发利用中的优势，形成地铁上盖开发的规模化发展，最终形成土地资源、物业资产、建设投资的良性循环。

RT3

节能环保

RT3-1

建设运维节能降耗

在城市轨道交通工程的建设运维中，充分体现绿色低碳理念，推广应用绿色环保建材与技术方法，实现绿色建造；建立完善的能源管理系统，在翔实能耗数据基础上采取针对性强的节能技术和管理措施，同时考虑轻量化轨道交通车辆，优化线路设计及运营组织，全面提升轨道交通运营的能耗管理。

RT3-1-1 一体化设计和施工

地铁车站应做到统一规划、统一设计、统一施工。车站一体化在建筑方面需重点考虑空间开发功能定位、连通形式、和周边城市景观融合三个要素。

一体化结构设计需选择合理的基坑总体方案，以缩短建设工期，节约工程造价。接口处推荐刚接形式，形成大刚体，共同受力、共同抵抗变形。

车站一体化设计与施工需要考虑建筑功能、安全、成本、材料等，并考虑施工条件，工期等因素，达到资源有效配置，完成节能降耗目标。

RT3-1-2 选择节能节材结构体系

选用资源消耗低和环境影响小的结构体系，同时对车站的地基基础、结构体系、构件进行优化设计，达到节材效果。

轨道交通结构应从节能节材角度进行以下优化设计：结构抗震设计性能目标优化设计，选用规则的建筑形体、结构体系优化设计、结构材料（材料种类以

及强度等级）比选优化设计及构件布置和截面优化设计。

混凝土结构中梁、柱纵向受力普通钢筋，隧道环向受力钢筋应采用不低于400MPa级的高强热轧带肋钢筋；钢结构应采用耐候结构钢或耐候型防腐涂料。

RT3-1-3 选用可再生循环利废材料

可再生循环利废材料包括钢筋、铜、铝合金型材、玻璃、石膏等。这些材料在生产过程中，可以通过适当的处理和回收利用，实现资源的循环利用，从而减少对自然资源的依赖和环境污染；同时，充分发挥建筑材料的循环利用价值，减少生产加工新材料带来的资源、能源消耗和环境污染。

利废建材主要包括以下三方面：

（1）用建筑废弃混凝土，生产再生骨料，制作成混凝土砌块、水泥制品或配制再生混凝土；

（2）用工业废料、农作物秸秆、建筑垃圾、淤泥为原料制作成水泥、混凝土、墙体材料、保温材料等建筑材料；

（3）用工业副产品石膏制作成石膏制品。

RT3-1-4 加强设施设备管理

轨道交通应设置环境与设备监控系统，并具备对不同设备耗能系统分项计量的数据采集功能，如对通风空调与供暖系统的风机、冷水机组、水泵、房间空调器、多联式空调机组、照明系统等设备的能效进行检测并分析，实现节能降耗目标，保障内部环境质量安全。

地上车站和车辆场段的用房应采取合理措施降低空调季节和严寒地区冬季供暖能耗。地上建筑公共区合理设置外窗或玻璃幕墙的可开启部分，使得此部分空间获得良好的自然通风。

RT3-1-5 轻量化轨道交通车辆

轻量化轨道交通车辆的电器箱外罩支架应采用铝合金、高强度不锈钢等轻量化材质，中央集成线槽结构，集成化高。在满足车辆强度要求的情况下，做到最轻量化。电器件选择和布置上，尽量选用重量轻的

元器件并减少不必要的结构。

制动系统的供风模块、制动电子控制单元、基础制动、辅助模块等装置均采用相对独立的模块化结构。

底架设备安装应与系统和部件供货商充分沟通，保证车体底架设备悬挂的合理性，不使用过渡支架，以达到减重的目标。

轻量化轨道交通车辆

RT3-1-6 优化开行线路及运营组织

充分考虑运营折返配线的预留。根据动态客流需求，结合折返能力、车站规模等对大小交路的列车开行方案优化折返线的设计。

考虑线路条件的设计优化。设计阶段应采用节能坡，减少曲线段、区间中段坡道，尽可能避免小半径与大坡度叠加段的设计，避免在车站两端设置曲线段。

优化线路设计及运营组织

优化运营组织。通过优化运营组织降低车辆能耗，采取修改车载信号的方式进行平峰或低峰时期限速运行，在不改变发车间隔时间和全程往返运行时间的前提下，可通过优化中间站停靠时间来弥补因限速带来的时间延误。

RT3-2
充分利用再生能源

随着经济发展及城市化进程的加快，轨道交通发展迅速，轨道交通再生能及各种绿色能源得到综合利用，提高能量利用率、加强节能减排、稳定牵引网电压、减少能源浪费、降低隧道洞体和车站内温度、减少站内噪声及粉尘污染等，对可持续发展具有很重要的意义和实用价值。

RT3-2-1 利用轨道交通再生能

通过地面式电阻耗能吸收装置利用轨道交通再生制动能。再生能量吸收装置一般放置在地下变电所内，单独放置电阻，采取相关措施对电阻实施通风散热，减少车辆的维修工作量，消除因车载电阻最高温度隔离不当引发的火灾隐患，提高运营安全性。

能量回收再利用

采用地面式电阻耗技术的再生能量吸收装置集中布置在牵引站，减小了列车自重和体量，便于列车电气布置，提高车辆载荷能力。

轨道交通再生制动能量回收再利用提高能量利用率、稳定牵引网电压、降低隧道洞体和车站内温度、减少站内噪声及粉尘污染、减少车载式电阻等。

RT3-2-2 多种清洁能源利用

轨道交通车辆基地如不做上盖开发应结合空闲屋面设置太阳能和储能装置。车辆基地公共浴室、食堂、司机公寓等的集中热水系统应采用太阳能热水系统、停车库、检查库等建筑屋面应采用太阳能光伏系统。

在车辆基地可以结合地源热泵等绿色技术和相关产品，实现夏季制冷、冬季供暖的功能。

RT3-3

建设运营环境友好

> 轨道交通属于绿色出行方式，与其他交通类型相比，本身也更环保。在轨道交通建设运营中，应充分考虑加强减振降噪措施、与周边环境和谐共生、利用和保护场地资源、电磁保护和废水处理、采取生态保护措施，有利于实现城市社会、经济、交通和环境的可持续协调发展。

RT3-3-1 减振降噪方法设施

控制轨道列车的噪声主要包括：控制轮轨噪声、机电噪声、车厢中的空气动力噪声和桥梁结构的二次振动噪声。

减振降噪措施

轨道列车可以采取的减振降噪措施主要有：采用焊接长钢轨、减振型钢轨、减振型扣件、减振型轨下基础和钢轨打磨技术。

工程设计采用无缝线路，运营单位需加强轮轨的维护、保养，定期旋轮和打磨钢轨，对小半径曲线段涂油防护，保证其良好的运行状态，减少附加振动，优先选择噪声、振动值低，结构优良的车辆。

机电噪声在传播过程中降噪，可采用吸声、隔声等方法，增大噪声在传播过程中的衰减量。

车厢中的空气动力噪声，可采用在车厢内贴吸声材料来减少声音的反射，使声音不直接传到收声点，车身采用整体悬架系统和座椅，减弱噪声传播。

高架桥梁可设置声屏障、减振道床、减振轨枕等措施。车辆基地有上盖物业开发时，宜采用综合减振降噪措施。

RT3-3-2 轨道与环境和谐共生

轨道交通的设计和建造应与周边环境相协调，最大限度地减少对周边环境的干扰和不利影响。在景观上要与周边环境和谐共生，实现轨道交通与城市和居民的融合。

城市轨道应与生态环境协调，处理好拟建工程选线位置与自然保护区、水源保护区、耕地保护区、文物古迹保护区等相互关系。

城市轨道出地面建筑的景观设计，与周边景观协调。

RT3-3-3 利用和保护场地资源

车站选址时应对场地可利用的自然资源进行勘查，充分利用原有地形地貌，尽量减少土石方工程量，结合现状地形地貌进行场地设计。合理确定场地标高和实现建设场地的土石方填挖平衡。对高差较大的场地采用站内夹层利用覆土空间的站型方案，可利用凹地或高差做下沉庭院，提供站内或附属局部的采光通风，形成不同高度的入口空间或景观微地形，借助地形组织场地排水。

轨道交通建设过程中，保护场地内原有自然水域、湿地和植被，减少开挖建设过程对场地及周边环境生态系统的改变，在站位选择上考虑重点保护和行洪避让。建设过程中确需改造场地内的地形、地貌、水体、植被等时，待工程结束后应及时采取生态复原措施，减少对原场地环境的改变。

RT3-3-4 电磁保护和废水处理

电磁辐射防护措施建议按照"合理达到尽可能

低"电磁辐射防护原则，尽量避免将供电轨的接头位置设于居民点一侧，以降低打火形成的电磁辐射干扰。运营期加强绝缘子和接触轨的清洁维护工作，避免因污染放电形成较强电磁辐射。核算在无外界干扰源的前提下，产生的无线电干扰场强是否满足评价标准要求。为避免电磁干扰对沿线电视信号产生的影响超过环境保护标准，列车在设计时应考虑采用特殊材料减少电磁场的发生或使用技术手段减弱电磁干扰的传播。必须按照"以防为主，以排为辅，防排结合，加强监测"，有效防止杂散电流的产生。

车辆段生产废水主要来源于车辆检修和洗车的污水处理，污染物进入污水处理站内，首先进行隔油沉淀，含油污水去除大部分浮油及大颗粒杂质，随后污水进入一体化气浮装置，去除绝大部分乳化油、有机污染物，将这些污水排入市政污水管道。

剩余污泥经脱水处理后，将剩余物外运至生态环境部门同意的地点，另行处理处置。

RT4

智慧建造

RT4-1

智慧管理提升品质

当前移动互联网、大数据、云计算、物联网和人工智能技术在交通运输领域应用势头良好，应充分发挥城市轨道交通良好的聚流、引流和产业生态培育作用，抓住智慧化引领城市轨道交通高质量发展的机遇，明确城市轨道交通智慧化发展的方向。智慧化是城市轨道交通高质量发展的必然趋势。

RT4-1-1 轨道交通智慧建造

轨道交通智慧建造是一种基于数字化和智能化的新型建造方式，它涵盖了工程设计、施工等过程的智能化技术的应用。其中，BIM技术是核心，结合云计算、物联网、移动互联等先进的信息化手段，利用工厂机器人，实现全流程、全方位的建造管理和实施。

在设计阶段，通过采用BIM技术，可以实现交通工程中建筑、结构、水暖、电气等各专业之间的协调和优化，避免产生碰撞；同时，结合数字化技术，如地理信息系统、虚拟现实技术、激光扫描和3D打印等，可以实现模型的快速构建和验证，提高设计效率和精度。

在施工过程中，交通工程智慧建造采用监测技术，例如对沉降监测点的沉降量及变化趋势进行监测和预警，保障了施工安全和质量。此外，通过机电设备监控及维修平台的接入，可以实现车站（包括车场）各类设备的网络化和智能化管理，提高设备的自感知、自检测和智自控制能力，进一步优化施工效率和质量。

RT4-1-2 轨道交通智慧运营

自动检票系统满足轨道交通线网运营和管理需求，自动售检票系统为乘客提供方便快捷的购票、进出站服务。

乘客信息系统通过计算机大数据对城市轨道交通相关的海量信息进行采集、整理、分析、利用，进而完成轨道交通信息整合，构建一个高效、安全、可靠、实用性强的现代智慧轨道交通系统。

智慧轨道交通系统包括智慧运行监测、智慧管控、智慧决策系统与自动无人驾驶系统等。

智慧运行监测包括设计、施工中采取监测监护技术、交通流数据采集、视频监控、火灾监测、环境监测。

智慧管控包括车辆信号灯控制、可变标志控制、指挥调度和车站信息发布等几个子系统。

应急处置系统包括应急事件监测、应急处理、预案管理、预案演练和资源管理等几个子系统。

智慧决策系统通过对客流量进行统计和分析，得出交通流的基本规律和特点，针对这些特点和情况进行重点运营治理和改善。

　　自动无人驾驶系统使车辆在控制中心的统一控制下实现全自动运营，自动实现列车休眠、唤醒、准备、自检、自动运行、停车和开关车门，以及在故障情况下实现自动恢复等功能，包括洗车也能在无人操作的情况下完成。

RT4-1-3 轨道交通智慧维护

　　智慧维护，主要包括维护保养设施的状况监测诊断数据采集、处理、分析、维护实施等。

　　车站消防控制设备联动控制功能、故障报警、车站环境、客流等数据的实时监测功能，提供更加全面、智能的管家式一体化应用功能，提高车站运营、客服和设备的维护保养效率，以更直观的图表形式向车站管理者展示，为场景控制及运营决策提供更高效、准确的判断依据。

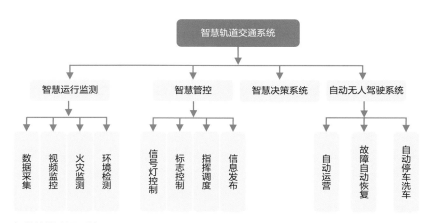

智慧轨道交通系统

RT4-2

健康车辆智能运维

> 　　智能运维理念中最为基础的内容是数据信息的收集和分析，其核心目的是科学地掌握城市轨道交通车辆各系统的健康质量情况，合理制定维修策略，在保证安全可靠的前提下，尽量降低全生命周期的维修成本，达到网络化运营模式下的可持续、最优化资源配置。

RT4-2-1 建立车辆智能运维指标体系

　　为了科学地掌握城市轨道交通车辆各系统的健康质量情况，合理制定维修策略，按照"需求导向、问题导向、目标导向"的原则，构建智能运维建设框架和车辆运营管理指标体系，收集客观数据，通过科学建模算法进行分析处理，形成预警阈值和健康指标，从而为车辆管理提供可视化和可量化的评价依据。

　　在保证安全可靠的前提下，降低全生命周期的维修成本，达到网络化运营模式下的可持续、最优化资源配置。城市轨道交通车辆智能运维指标体系应包含安全类、服务类、效率类和效益类四大类指标。

RT4-2-2 大数据实现优质服务

　　大数据建立与应用基于实时数据进行数据加工，提供实时客流分析；基于大数据应用技术，可以对运营时间、行车组织、票务政策、车站管理等诸多方面提供决策支持。

　　通过监测各节车厢的乘车率信息，司机室监控显示屏显示，供司机掌握本节车厢实际承载量的情况。结合车站闸机的进出站客流量数据，更加准确地监控、管理、指导运力调配和客流疏导，为乘客提供更加优质的服务。

　　城市轨道交通借助能量统计的分析方法，对轮轨关系中的振动频率、振动强度、阻尼大小等模态参数进行量化，推算出车辆走行部振动加速度与车厢客室噪声的对应数值，并采取相应措施。

智能化信息系统

RT4-3

设施设备智能监管

智慧化成为城市轨道交通发展重要趋势的背景下，推动城市轨道交通智慧化发展，构建规模适度、标准适合、一体融合的全新城市轨道交通智慧系统，采用综合监控、乘客信息、安防、通信、自动售检票等智慧化设备设施，打造安全、高效、绿色的轨道交通模式，提供更加便捷、舒适、多样的运营服务。

RT4-3-1 综合监控系统智能化

综合监控系统主要由若干各自拥有自身独特功能特点的子监控系统构成，完成对固定范围轨道交通的控制。

综合监控系统为用户提供统一规范的操作平台，应接入所有子系统专业。通过综合监控系统的综合性操作，实现所有任务在系统里执行和完成，满足"一岗多能"的要求。

基于综合监控庞大而全面的系统数据信息，进行深度的数据挖掘与数据分析，实现更加全面而灵活的子系统最优运行策略。

RT4-3-2 便捷的乘客服务系统

乘客信息系统是为广大市民和轨道交通运营、管理、维护保障各层次的管理提供全方位信息服务的系统；同时为城市轨道交通管理者提供综合的运营状态信息，为高效的运营决策指挥提供数据基础。乘客信息系统应向乘客提供实时、多样的咨询信息，有效处理各种紧急情况。

乘客智能化信息系统应不断扩展并完善基础数据采集、多源数据融合建模及逻辑计算，并紧密贴合互联网技术的发展与应用。

RT4-3-3 综合安防系统智能化

综合安防系统应借助5G数字化、网络化视频，通过对监控视频图像的实时分析来对动态场景中的目标进行智能定位、识别和跟踪，并分析和判断目标的行为，从而在异常情况发生时及时作出反应，做到早期的侦测和防范。综合联动智慧化，采用传输控制协议/网际协议（TCP/IP）来实现车站消防控制设备联动控制功能。

RT4-3-4 通信系统智能化

通信系统智能化以资源共享、运维一体、安全可信、自主可控为根本准则，为上层大数据平台和应用系统提供统一基础设施服务，推动智能通信运行维护应用的快速创新。乘客信息系统采用液晶显示器多线路共用中线多媒体综合管理平台（MPIS），资源共享，减少能源消耗，提高车站运营、客服和设备维护保养效率。

RT4-3-5 售检票系统智能化

将移动互联技术与支付手段结合，开发客票网上支付系统，完善票务应用功能，减少对车站刷卡或投币等自助票务设备的依赖，实现"APP+小程序"的票务服务模式等多种支付方式，方便乘客使用，减少现金流转。

利用云与移动手机的近场通信技术（NFC）、人脸识别等技术完成乘客无需刷卡，自动扣费、进站、出站功能，提高乘客的通行速率；开发手机应用程序为乘客提供更多服务，增加更多互动。

ID1-ID3

融合发展

INTEGRATED DEVELOPMENT

ID1 发展需求	ID1-1	空间融合集约共享
	ID1-2	景观协调绿色共建
	ID1-3	智慧方案精准管理
ID2 功能定位	ID2-1	空间融合安全韧性
	ID2-2	景观协调功能融合
	ID2-3	智慧方案辅助决策
ID3 技术路径	ID3-1	空间融合技术路径
	ID3-2	景观协调技术路径
	ID3-3	智慧方案技术路径

ID1

发展需求

ID1-1

空间融合集约共享

> 市政空间指地上与地下的道路、桥梁、隧道、轨道交通、管线及场站、海绵城市设施及绿化景观、水体、防洪、减灾工程、防护工程等结构性要素构成的市政基础设施形态；城市竖向、管线综合、综合管廊、市政设施等的配置与集成是市政空间布局的主要表达方式；市政空间的融合发展以协同开发、低碳建造、安全友好、智慧统筹为主要目标。

ID1-1-1 构建绿色市政空间

1. 城市竖向

基于"双碳"目标约束下的发展原则，依据品质城市评价等指标体系，在建设用地范围内，为满足道路交通、排水防涝、建筑布置、景观生态、防灾减灾、经济社会发展等方面的综合要求，对自然地形进行协同利用、低影响改造，确定坡度、控制高程、平衡土石方等以确定用地形态。

2. 管线综合

指市政综合管线，即结合城市现状、规划用地、协调城市道路及市政给水、雨水、污水、再生水、环卫、热力、燃气、电力、通信、照明、绿化等各专业工程管线布局，统筹安排各专业管线在地上、地下的空间位置，协调各专业工程管线之间及各专业工程管线与其他相关工程设施之间的关系。

3. 综合管廊

建于城市地下用于容纳两类及以上城市工程管线的构筑物及附属设施。

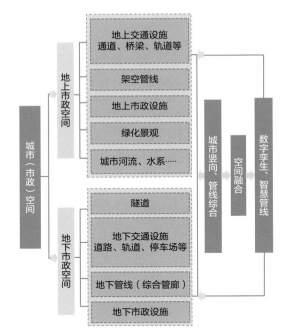

市政空间构成要素

4. 地下（市政）设施

由政府、法人或公民出资建造的城市规划区范围内且位于地下的市政供水、排水、燃气、热力、园林绿化、环境卫生、道路照明、电力、通信、防护工程（含人防）、轨道交通配套地下设施等场站及附属设施。

ID1-1-2 强化空间集约布局

市政基础设施需要整合集成，目前大部分城市地下空间尚未得到高效集约利用，除直辖市、省会城市及部分城市新区有较系统的地下空间规划外，普遍缺乏地下空间总体规划，仅限于商业综合体片区和建筑单体的小尺度地下空间利用，市政地下设施建设缺乏统一规划和统筹协调。

地下空间高效集约利用需要加强，就市政地下设施来说，一些城市建设了地下污水处理厂、地下泵站、地下转运站、地下储水设施、地下变电站等设施，但地下设施的整合集成建设不足，地下空间利用有待于进一步拓展。

市政空间管理需要基于市政基础设施的全生命周期本质可靠视角，从规划、设计、建设、运维到剩余寿命评估与超期服役全过程统筹，地上与地下协调，基础设施一体化建设，从而节约土地，集约利用地下空间，集约建设市政基础设施，助力绿色建设目标的实现。

ID1-1-3 空间需求合理统筹

城市基础设施的生态及安全保障，与开发建设的经济性之间的矛盾，需要合理的空间统筹来解决。城市基础设施的承载能力，反映城市的运行质量和服务效益，是改善城市环境的必要条件。将地上与地下空间有效结合的市政空间融合，能更好地解决市政基础设施在空间上、时间上的矛盾与冲突。绿色市政的发展方向是往地下找空间，这与地面建筑的区别很大，一旦建成就改变了地层结构，不像地面建筑那么容易拆除和改建。

另外，大型的地下工程需要投入巨大规模的资金，投资风险高，而且施工难度大，施工工期都较长，结构、构造与设备都较复杂，尤其地质构造，在很大程度上影响地下建筑的结构尺寸和施工技术。因此，在开发地下空间前，必须完成详细的调查与测算，依据可靠数据，慎重决策，做好统筹规划，这样才能分期分区，分层地实施。

ID1-1-4 市政空间考核评价

城市（市政）空间各结构性要素构成的城市基础设施，建成投运后往往具有不可逆性。为保证各结构性要素在市政空间全生命周期本质可靠，除需配置相应的组织机构和具有针对性的专业素质人员加以运行维护外；尚应建立具有针对性、可操作性强的综合评价机制，对市政空间各结构性要素构成的基础设施，在城市演进过程中的有效性和可持续性，进行客观评价与动态监督。

通过不断完善评价机制的监督作用，持续提高城市（市政）空间各结构性要素构成的市政基础设施管理水平。城市基础设施建设是相对的，而基础设施管理是永恒的。完善组织机构设置、强化管理人员素质；建设前期开始介入监管、实现接管过程的无缝衔接；提高设施维护质量、避免返工返修造成的资金浪

费；加强审批管理、避免反复挖掘破坏等都是可行的办法。建立健全各种管理制度是保证做事有章可循的基础，但仅有管理制度还不够。这就应该引入具有针对性、有效性、可操作性强的综合考核机制，通过考核机制的监督，不断完善管理制度与管理手段、提高市政基础设施管理水平。

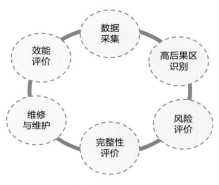

市政空间考核评价

ID1-2
景观协调绿色共建

随着城市建设及经济社会的发展，对景观绿地空间的需求不断提升，在满足绿地系统基本功能的基础上，还需要因地制宜地满足各类个性化需求，展现一个城市独具一格的景观风貌，因此，在满足生态功能的基础上，提升原有绿地空间的人本性、智慧性、特色性，就成了城市景观绿地建设的重中之重。

ID1-2-1 以人为本需落实

城市绿地的建设让城市中的居民能够享受良好的生态环境，同时能够就近给人们提供亲近大自然的空间。市政基础设施中的园林景观设计和建设，应该遵循"以人为本"的理念。然而在一些城市的绿地建设中，基础配套设施建设虽然健全，但不是以人的需求、尺度为出发点进行设计建设的。比如，在人员停留的空间里未能提供足够的林荫空间、场地、座椅等；水岸空间未能提供足够的亲水平台；景观小品设

施的尺度过大或过小，造成使用不便等情况。人性化措施考虑不足的状况亟须改善。

ID1-2-2 智慧管理待提升

作为人类参与并改造建成的特殊生态系统，大多数市政景观绿地面临着经营管理措施与景观生态需求不匹配的突出问题。现有比较粗放的管理模式对市政景观自身规律识别与适应不足，经验式管护在一定程度上影响植物的生长发育和植物景观效果。不少园路、铺装广场和景观小品等老化腐蚀，不但没有成为城市景观的亮点，反而成为"伤疤"。随着社会的发展、科技的进步，粗放式管理应逐渐退出历史舞台，在充分了解各类景观绿化需求的基础上，结合智慧化、节约化的管理，才能达到良好的预期效果，同时避免不必要的浪费与经济损失。

ID1-2-3 "千城一面" 需转变

当前已经处于快速信息化的时代，各种信息的传递非常迅速，加上公众的主动参与和积极传播，各种对比分析成为可能，有些城市会照搬国内外的优秀设计成果及案例，而忽略本地的自然环境、空间环境及人文历史等因素，从而形成了许多城市的园林景观风格雷同，形成"千城一面"的城市风貌，未能突显城市自身的优势及人文特点，没有形成地域性的园林景观特色。

ID1-3

智慧方案精准管理

随着城市化快速发展，城市治理、民生福祉、产业发展、生态环境等方面的问题突显。智慧方案的提出可以促进这些问题的有效解决，推动城市的可持续发展；智慧市政解决方案，应具备泛在实时智能管控、多元场景智慧感知、业务办理智慧化等多项功能，提升市政管理效率，有助城市运行管理业务创新。

ID1-3-1 泛在实时智能管控

1. 互联互通，动态感知

基于物联网技术的智慧市政平台，是以全球定位、传感技术，以及网络实时、调度、管理为主，通过实时采集城市资源流动全过程涉及的数据信息，进行历史趋势分析，实现智能预警。

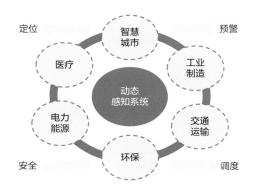

动态感知系统架构

2. 实时监控，信息可视化

实时监控供水水质、压力，燃气泄漏、供热安全、交通流量等数据，实现系统运行的自动预警。同时，将获取到的监控数据，通过GIS系统与视频监控系统的集成与联动，实现"智慧市政"信息的可视化。

3. 智能调度，保障安全

构建"智慧市政"应急调度指挥系统，保障城市安全。运用数字化信息技术，将市政公用基础设施、安全生产、监测信息、指挥调度等紧密联结到统一平台上，实现数据、业务、应急、调度、决策、分析、服务等不同信息的集成式管理，进行综合实时监控，统一协调指挥。

ID1-3-2 多元场景智慧感知

1. 数据挖掘，辅助决策

将独立运行的业务数据按照统一标准集成汇总到统一的中央数据仓库，构建"智慧市政"大数据平台，为科学决策提供依据。通过深度挖掘与统计分析海量信息数据，构建水、气、热等各大管网的动态模型，为合理调配资源、准确预测资源使用情况、及时预警等提供数据支撑。

人工智能辅助决策

2. 问题溯源，精准治理

严格监控环境质量，实行市、区、所、巡查人员"四位一体"的综合指挥体系，依据各区域环境质量及污废排放点实时动态检测的数据，对环境质量超标或异常排放的情况自动进行报警，利用溯源功能查找源头，提高监管效率。

3. 智慧运维，延长寿命

对城市关键的设备设施，建立从安装调试、维护保养、更新报废等全生命周期的资产数字档案管理。利用物联网技术对设备的运行状态、执行效率、能耗等情况进行诊断分析及趋势预估，可预知故障隐患并提供合理化维护建议，从而提高设备的应用效率并延长设备的使用寿命。

ID1-3-3 业务办理智慧化

1. 多元数据，综合管理

依据感知层、数据层与应用层等清晰的功能架构体系建立软硬件集成系统。通过多类型传感器进行数据采集，实现多元数据的聚合、存储、管理、分析，满足市政人员办公需求、居民日常生活需求，可显著提高市政运行管理的效率。

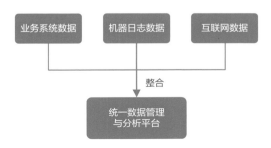

多元数据整合

2. 线上办公，便民高效

以市政数据管理中心为基础，以信息化城市管理平台为核心，建立多渠道资源的接入体系，形成统一的服务号码、终端程序。依托于这些系统，对城市运行全面监管并提升各部门之间的办公效率，实现一网式门户、一站式审批、一话式热线等公众服务。

3. 群治群管，共同参与

构建城市市政门户平台，将日常的便民服务资源整合到统一平台上，支持移动终端，用户可以随时随地查询市政公共信息、跟踪城市资源使用情况。同时还可预约服务、反馈问题，作到信息共享，实现城市管理部门、社会服务机构与市民之间的融会贯通，提高办事效率和服务质量。

市政基础设施公共信息查询

ID2
功能定位

ID2-1
空间融合安全韧性

市政空间融合推行绿色低碳，提升安全韧性，实现城市竖向与自然和谐共生；空间融合的基本定位为因地制宜、综合全面、安全韧性、防灾减灾；市政综合管线的基本定位为集约布置、协调环境、规律布局、同步实施、发展预留；地下设施的基本定位为空间集约、安全舒适、节材低碳、自然共生、科学管理。

ID2-1-1 市政空间和谐生态

构成客体市政空间的各结构要素与市政设施形态的整体质量，直接影响到城市综合竞争力和主体大众的满意度。

需要采用新技术、新机制、新模式，因地制宜合理利用各种资源条件，提高抵御灾害的韧性，构建生态、舒适、美好的城市环境，科学、集约、高效合理利用城市地下空间，促进市政基础设施布局的低碳化，同步推进市政基础设施的智慧化管理，保障城市安全与健康发展。

土地开发利用要严格践行"三线一单（生态保护红线、环境质量底线、资源利用上线和生态环境准入清单）"的规定，促进城镇土地与地下空间的高效利用。其基本定位为：全生命周期本质可靠，安全韧性的城市竖向与智慧集约的市政管线及低碳可持续的地下设施和谐共融。

ID2-1-2 市政空间优化统筹

基于绿色市政理念的实践，逐步实现市政空间基础设施工程规划、设计、施工、运行等全生命周期的绿色建设、绿色技术应用和智慧管理。优化协调好城市竖向、道路交通、市政管线（综合管廊）、绿地景观、地下空间、海绵城市等，在空间上有效衔接，协调用地空间矛盾；疏通市政基础设施的物质与能量传输通道；统筹考虑市政空间高效利用的配置与布局，提升市政景观融合度与空间节约水平，达到集约与融合优化。

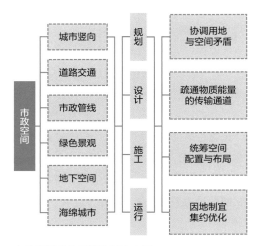

市政空间优化统筹的基本内涵

ID2-1-3 市政空间安全低碳

需要在绿色市政理念的指导下，提出符合我国国情的市政空间工程绿色评价指标，构建市政空间基础设施技术指标体系；推动市政空间基础设施绿色评价标准化；构建弹性冗余韧性空间；竖向空间安全韧性，管线综合布局弹性冗余，百年市政远近结合；同时达到设施韧性安全提升：使市政基础设施的防灾能力、防水性、耐久性、安全性得到绿色提升。提高市政基础设施的安全性及协调性，加强新材料、新技术的应用和材料资源的再利用，实现市政基础设施的绿色发展，减少对环境的影响，实现安全低碳。

绿色市政空间构建

ID2-2

景观协调功能融合

> 市政基础设施中的绿地空间首先要满足其使用的功能性要求，同时兼顾空间的高效利用和协调发展；将绿色低碳理念与方法贯穿始终，营造可持续的绿地景观空间，并结合社会和文化发展需求，打造共享共建的市政基础设施绿地景观系统。

DI2-2-1 空间协调功能融合

将市政基础设施与城市空间充分结合，宏观上必须遵循上位规划，考虑城市发展方向、顺应生态廊道，实现功能布局的有机结合。在微观上应激活、利用市政基础设施的底部、垂直界面、顶部、消极空间等，提高空间的多样性、生态性、舒适度，激活空间活力，提高使用者体验性。

ID2-2-2 绿色低碳循环低耗

挖掘当地自然资源，如植被资源、矿产资源、生物资源等，减少一次性材料的使用，增加可再生材料的利用，同时提倡废旧材料的再利用，打造节约低碳，循环可持续的市政景观。如利用可再生利用的纸类、玻璃、金属，作为城市景观营造的主要装饰材料，打造出丰富且具有特色的城市景观效果；利用竹、木等低碳的生态材料，结合废弃钢材、铁板等进行景观小品设计；充分体现节约、环保的理念，打造别具一格的城市风貌。

ID2-2-3 融入文化共建共享

对于地下基础设施，可集约高效利用顶部空间，与周边空间环境相结合，改善原有的单一功能，进行景观化处理，赋予市政基础设施新的社会、文化、环境功能，创造优质环境氛围。

对于地上基础设施如高架道路、轻轨等，其下部附属空间通常处于荒废的消极状态，应把这些空间潜力开发出来，使之成为充满活力的开放空间。基础设施底部空间景观化的构建，能够联系被割裂的城市肌

理，提升周边环境品质，促进城市生态环境系统健康稳定发展。

ID2-2-4 环境和谐链接多元

市政基础设施分布在城市各类用地中，必须践行生态优先理念，充分利用景观系统将其缝合链接，将人类生产活动与自然间的裂纹有机缝补，充分利用现状自然肌理，连接分散的生态斑块，强化生态连通，构建市政景观网络体系。针对不同时段、不同季节、不同使用人群的特点，全方位地体现景观适用、全民共享的绿色属性。

景观协调功能定位

ID2-3

智慧方案辅助决策

> 通过感知层、数据层及应用层等系统建设，实现数智化运维管理；构建统一的数据标准，对接全时空、全要素的数据，实现多元异构数据融合应用，实现精准管理，提高资源利用率；基于市政CIM基础平台，构建智慧水务、智慧交通等专项CIM+应用系统，通过大数据平台统计分析，为市政综合管理提供数据支撑和辅助决策依据。

ID2-3-1 优化系统体系架构

应系统搭建架构。物联网需包含感知层、数据层及应用层。感知层基于感知设备，动态捕捉并传输场景数据。数据层负责数据的汇聚、处理、存储及查询访问，承载城市级海量数据。应用层提供对外服务，发挥专业领域数据价值。

应构建安全体系。智慧市政安全体系需构建横纵向的防御体系，包括边界、区域、节点、核心的纵向防御体系，以及包括物理、计算环境、区域边界、通信网络、管理中心、应急响应的横向防御体系。对数据采集、传输、存储、分发、访问等全生命周期进行防护。

应统一标准体系。通过建立科学统一的智慧市政标准体系，指导顶层设计、规范技术架构、促进融合应用等工作。推动智慧市政项目顶层设计工作的顺利开展，确保其建设和应用落地。

ID2-3-2 强化数据感知能力

对接全要素的数据源。城市数据资源体系应以城市系统空间和结构为统一载体，涵盖经济、政治、社会、文化、生态等各方面。在数据收集过程中需要有效打破"数据孤岛"，充分挖掘各类数据的附加价值。

应融合多源异构数据。进行及时高效的组织和汇聚，提供数据汇聚、数据填报、定制数据接口开发、离线数据导入等能力。

应构建统一数据库。通过建立规范的数据应用标准，运用数据抽取、数据转换和清洗、数据加载技术，确保数据准确无误。通过数据库对数据从结构上进行分类存储，实现数据共享，减少数据冗余度，提高数据的逻辑和物理独立性。

ID2-3-3 全面实现智慧管控

1. 建设运维管理系统

建立市政基础设施全过程、全要素的长期、动态、智能的数字化管理平台，通过"虚实交互、以虚控实"，实现物理世界与数字世界互联互通，全面提升市政基础设施的建设和运维水平。

2. 建立应急安全管理系统

全面、准确地掌握潜在危险源的发展动向，通过部署市政安全管理系统实现信息资源的高效联动，实现对安全事故的及时预警。同时通过信息技术，形成面对突发灾害及时、有效的应急响应机制，从根本上改变城市应急管理模式。

3. 优化能耗管理系统

建设能耗管理标准体系，通过节能策略的执行控制、基于大数据的挖掘，搭建能源控制、管理、运维一体化的能耗管理平台，对供水、供电、供气、供热等相关能源进行统一的监控管理，实现"碳中和、碳达峰"的目标。

ID2-3-4 搭建行业解决方案

1. 建设市政CIM基础平台

汇集市政基础设施多源异构数据，打造市政基础设施CIM建设运维管理平台，实现市政基础设施的"一张图"管理，实现规划设计、建设管理和运营服务的一体化应用，全面提升市政基础设施精细化管理水平。

2. 构建智慧水务系统

以物联网、大数据、云计算、GIS、仿真模拟等信息技术为支撑，实现供水系统的全面感知、泛在互联、普适计算与融合应用。建立"厂、站、网"一体化数据监测体系，覆盖生产、输配、服务、运营等各个环节，实现对资产、人员、事件的全对象精细化管控。

3. 建设智慧交通系统

集成应用物联网、大数据、云计算、人工智能等高新技术，实现人、车、路、环境四要素的全面感知、通过创建可视、可信的智能交通体系，提高路网通行能力、提高道路通行效率、发挥交通基础设施效能。

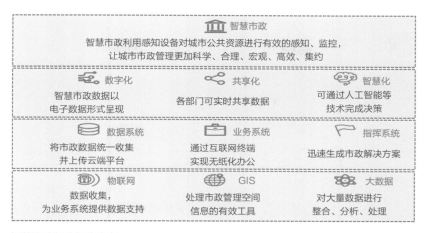

智慧市政行业解决方案

ID3

技术路径

ID3-1

空间融合技术路径

本着绿色市政发展理念及基本功能定位，推行城市竖向、地下管线、地下设施的空间集成；通过空间集成和优化、设施融合和韧性，为城市的低碳、弹性、韧性发展提供更成熟的开发空间；推动和落实市政空间基础设施工程规划、设计、施工、运行全生命周期的绿色建设、绿色技术应用和智慧管理。

ID3-1-1 空间融合系统构建

作为绿色市政基础设施空间维度的城市（市政）空间，在城市竖向、市政综合管线、地下市政设施三方面，结合城市现状、道路交通、供水、雨水、污水、再生水、河流水系、海绵、热力、燃气、电力、通信、照明、绿化及其地下场站设施等，以安全、（高效）集约、低碳、生态、智慧的理念，在规划、建设、运营等层面使地上、地下空间的有机融合，形成一个绿色市政基础设施的完整体系。

ID3-1-2 空间融合技术路线

基于绿色市政发展理念，采用市政新技术、智慧管理平台，因地制宜地合理利用各种资源，提高城市抵御灾害的韧性，构建安全、集约、低碳、生态、智慧的城市空间，科学、集约、高效合理地利用城市地下空间，重点围绕竖向空间、综合管线、综合管廊、地下设施，通过系统开发空间统筹、市政空间安全保障、数字赋能地下空间、市政空间绿色建设实现空间集成；通过竖向空间优化布局、管线综合集约优化、地下空间综合开发实现空间优化；通过市政设施廊道集并、灰绿设施集约融合、交通环境导向开发实现设施融合；通过弹性冗余韧性空间、设施韧性安全提升实现韧性增强；达到市政空间绿色低碳，同步实现市政空间的智慧化管理。

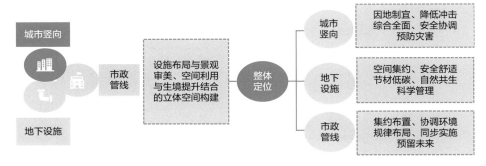

空间融合系统的构建要素

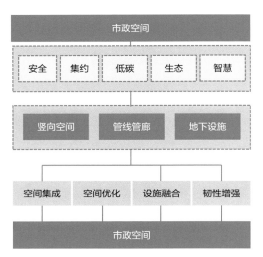

空间融合技术路线

ID3-2

景观协调技术路径

市政基础设施要以功能复合、生态集约、以人为本的原则,将功能性与景观性巧妙结合,注重可持续发展;要深入挖掘地域文化特色,提高城市景观的异质性;要运用综合管理平台,结合智慧城市体系建设,完善景观空间的智慧化管理。

ID3-2-1 优先满足功能性

市政基础设施要以功能复合、生态集约、以人为本的原则,优先满足市政基础设施的使用功能属性,在建设和运行维护过程中,可以将功能性与景观性巧妙结合,完善和优化原有基础设施的功能,切忌过度追求美观而损失原有基础设施的使用功能,造成本末倒置。

ID3-2-2 注重生态可持续性

市政基础设施的开发和建设应遵循生态性原则,在建设过程中应采取得当的保护措施,将生态破坏和影响降到最低。在确保生态性的基础上,提升基础设施景观的可参与性,增加场地活力和互动体验。结合温度、降雨、盛行风向、潮汐水位等自然特征进行基础设施选址;在植物品种的选择上,尽量选取具有较强的适应性、运输成本低、易养护、更换方便的乡土植物;减少一次性材料使用,增加可再生材料利用,提倡废旧材料再利用。从尊重自然本身出发,选择适宜的基础设施建设场地,减少对自然环境的破坏,维持生态的可持续性。

ID3-2-3 体现人文美学特色

市政基础设施建设是城市形象的载体,要建立全局规划的思路,深入挖掘地域文化特色,保持和提高城市景观异质性,协调自然景观与文化景观的关系,在满足其功能性和安全性的基础上,展现工艺美。将基础设施景观化处理,使其和谐地融入自然与场地中,建立自然环境与市政基础设施之间的有效联系。

可采取提炼、抽取、变形等手法,巧妙地将地域文化元素运用在基础设施的设计中,运用当地历史文化符号,使其符合当地风土人情,将基础设施与地域文化融为一体,增强地域认同感;使景观与基础设施共生共存,突出基础设施的复合型功能,提升公共空间活力及场所精神。

ID3-2-4 智慧化管理

运用综合管理平台，结合智慧城市体系完善园林景观的智慧化管理，包括绿化的灌溉养护、水质监测、植物长势监控、设施破损等，更精准及时地对基础设施景观进行管理维护。同时结合新技术，增加科普互动性设施，如市政基础设施功能介绍、工艺流程动态演示、植物识别、跟踪定位等智能化体验装置，将智慧化管理与智能化体验融为一体。

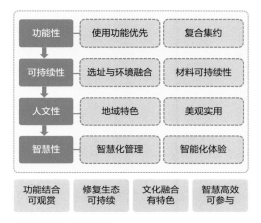

市政景观技术路线图

ID3-3

智慧方案技术路径

智慧市政方案着重提出了基于大数据、人工智能、物联网等新技术的系统体系架构，提升城市运行管理的科学化、精细化、智能化水平；通过数据感知、多源异构时空大数据融合，集成应用GIS、BIM、IoT等技术，构建与市政基础设施物理世界相联结的三维可视化系统，促进整体协同、高效运行、精准服务、科学管理。

ID3-3-1 系统体系架构

基于当前技术与现行标准规范，将智慧市政系统架构归纳为三大层次、两大体系。三大层次自下而上分别是感知层、数据层、应用层，以数据采集、传输、存储及融合应用为基础，服务各种行业场景。两大体系分别是信息安全体系和标准规范体系，前者负责保障系统网络、数据、应用及服务的稳定运行，后者用于指导系统的建设和管理。各部分结构相互协作，共同构成有机整体，使智慧市政系统更加精细、智能、高效。

ID3-3-2 数据感知

市政基础设施的数据资源体系是以城市系统空间和结构为统一载体，对多来源、多类型的市政基础设施运维数据应进行及时高效的组织和汇聚，保证数据汇聚传输的可靠性及预测端到端时延的准确性。同时，建立规范的数据应用标准，运用数据抽取、数据转换和清洗、数据加载的数据抽取ETL技术，确保数据准确无误。

依据数据类型及不同的应用场景，通过建立MySQL、Oracle、PostgreSQL等数据库实现数据存储和共享，对多维数据进行精准管理、高效查询，保障数据高复用性及可维护性。通过构建数据库对数据从结构上进行分类存储，减少冗余，实现数据共享，提高数据的逻辑独立性和物理独立性，进行数据治理，深度融合分析流转，将数据作为生产资料进行智慧决策、智慧管理，提升市政基础设施建设与运维水平。

ID3-3-3 智慧管控

集成GIS、BIM、IoT技术，构建与市政基础设施物理世界相联结的三维可视化系统，系统具备算法分析与模拟仿真功能，可进行数据感知、智慧决策等操作，赋能城市市政基础设施长效、科学、智慧运维管理。搭建运行监控系统，应以物联网、大数据、云计算、移动通信等新一代信息技术为支撑，建立智能运行监控体系，使市政基础设施具备一定的智能运维能力，提高核心竞争力和经济效益。

构建时间管理系统，宜以IT服务台为中心，采用GIS、物联网、云计算、大数据分析、移动互联、5G和AI技术，搭建智能、高效的事件管理平台，提升事件管理的质量和效率。通过市政安全管理系统实现信息资源的高效联动，实现对安全事件（事故）的及时预警，有效提升城市安全事件（事故）的管控能力。

　　构建市政能耗管理系统，对供水、供电、供气、供热等相关能源的统一监控管理。为能耗监控和分析提供有效的依据，通过能耗的提质、增效、降低成本和减存，实现绿色与智慧用能。

智慧决策数据支撑

SI

SI1-SI4

空间融合

SPACE INTEGRATION

	SI1-1	系统开发空间统筹
SI1 空间集成	SI1-2	市政空间安全保障
	SI1-3	数字赋能地下空间
	SI1-4	市政空间绿色建设
SI2 空间优化	SI2-1	竖向空间优化布局
	SI2-2	管线综合集约优化
	SI2-3	地下空间综合开发
SI3 设施融合	SI3-1	市政设施廊道集并
	SI3-2	灰绿设施集约融合
	SI3-3	交通环境导向开发
SI4 韧性增强	SI4-1	弹性冗余韧性空间
	SI4-2	设施韧性安全提升

SI1

空间集成

SI1-1

系统开发空间统筹

市政空间从规划、建设、实施到管理全生命周期的演进中，多维度、全专业、全过程的系统统筹尤为重要；尤其专项规划与国土空间规划、地下空间规划、不同类属专项规划间的协同；地上地下、显在与潜在的城市空间竖向统筹；全生命周期的绿色低碳及安全韧性协同；系统协调开放共享与数字化智能管理协同。

SI1-1-1 综合统筹竖向空间

1. 竖向空间集约性结合

竖向空间整体开发利用，坚持"先规划、后建设，先地下、后地上，科学规划、统筹协调，近远结合，兼顾远景发展需要，节约集约空间资源"的原则，对地上和地下实施一体化开发，使城市各项主要功能、要素及资源实现有机集成，竖向空间资源整体优化利用。

地下空间的竖向设计与空间集约性、功能集约性、设施关联性等结合，将地下空间建设为高效率综合体，为城市地面空间营造更加宜居的生活环境。在地下空间规划指引的相应区间内开发利用并布设相应的市政设施。

2. 竖向与市政基础设施结合

统筹城市地下空间和市政基础设施建设，推广地下空间分层使用，提高地下空间使用效率，根据地下空间实际状况和城市未来发展需要，立足于地下市政基础设施高效安全运行和空间集约利用，合理确定各类设施的空间和规模。城市地下管线（管廊）、地下通道、地下公共停车场、人防等专项规划的编制和实施要有效衔接。竖向规划应与道路交通规划相协调、市政管线规划、综合管廊规划、地下空间和人防等专项规划，协调统一，达成高效利用，避免重复设置浪费，也可以同期开发，避免道路反复开挖带来的不良影响。

3. 市政设施空间整合控制

考虑公众对邻避属性设施的承受力，落实集约化用地观念，划分邻避属性设施，按照邻避特点与设施规模，分析设施之间，设施和公共建筑、公共绿地之间实现集约建设的可能性，如垃圾运转站和变电站，变电站和资源热电厂，变电站和社会停车场、体育场设施、公共绿地等。市政基础设施应符合生态控制线、蓝线、水源保护区需求。要优化、合并不合理的市政设施用地，对其进行必要的调整优化。

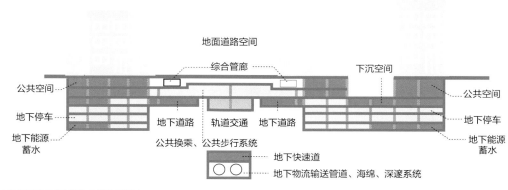

城市竖向空间集约布置示意图

SI1-1-2 市政空间规划协同

1. 专项规划与国土空间规划协同

市政专项规划是国土空间规划"五级三类四体系"的一部分，贯穿至空间规划的全过程，既是上层次规划的深化与落实，又从更大范围，整体上、系统上考虑各项基础设施的配置与建设，是进行详细规划的依据。

在国土空间规划的编制中应同步开展各市政专题专项研究，将研究的结论纳入空间规划中，对市政专项规划编制提出指导性要求。市政专项规划应具有前瞻性、系统性、综合性、可实施性、集约高效性、经济性的特点。通过对市政工程各专项内容深入细致的研究，确定市政设施的规模，落实用地，同时确定各专项的设计要素，以直接指导下一步控制性规划、地块的开发建设等。

2. 专项规划与地下空间规划的协同

根据城市地下空间实际情况和未来的发展，立足于城市地下市政基础设施高效安全运行和空间集约利用，在不同等级城市建立评估因子（民生、经济、环境景观、空间、用地布局、市政需求、地形地质、建设时序），合理确定地下化市政设施的空间和规模。市政专项规划与地下空间规划应遵循规划先行、适度超前、因地制宜、统筹兼顾的原则。推广地下空间分层使用，提高使用效率。城市地下管线、管廊、地下通道、地下停车场、人防等专项规划和地下空间规划与实施要有效衔接。将市政、交通、防灾等专项规划的内容纳入地下空间规划的管控图则中，以"一张图"平台实现地上、地下、市政基础设施三方面的精细管控。

3. 市政专项规划间的协同

城市工程管线综合规划设计所包含的内容较为复杂，且各个环节的设计内容之间有着紧密的联系，若某一个环节规划设计存在问题，则势必会对其他工程内容造成影响。

因而在实际开展城市管线综合规划设计时，需结合城市现阶段发展特点，充分依据国土空间规划、地下空间规划、防洪排涝规划、地质勘察规划等相关规划，进行城市道路、海绵城市、给水、排水、燃气、热力、电力、通信等专业开展统筹规划，以此确保各类管线排列有序、相互协调。

可利用管线综合规划统筹各专项规划作为协同的牵头规划，合理排布各类管线在平面、竖向上的位置，统筹协调，统一安排，避免冲突或浪费。

城市地下空间控制性详细规划管控一览表

管控内容		表达形式		
		图	表	文字，弹性指标或强制性指标
地下土地使用控制	地下用地边界	√		强
	地下开发面积		√	强
	地下使用功能	√		强：公益性；弹：经营性
	地下开发深度		√	强条为上限控制 强：上限控制；弹：每层相对标高
	地下开发层数		√	弹
	地下容积率	√，地上、地下容积率	为上限控制	强
	地下建筑密度		为上限控制	强
地下建筑建造规划控制	地下建筑退界	√		
	地下建筑限高		√	
	竖向标高	√		每层竖向标高，包括相对标高和绝对标高，均为弹性控制；覆土深度，建筑投影下无；建筑投影外下限控制

管控内容		表达形式		
		图	表	文字，弹性指标或强制性指标
地下交通设施规划控制	地下配建停车泊位		√	为下限控制　强：数量
	地下公共停车泊位	√，范围	√	为下限控制　强：数量、范围
	地下出入口　车行	√	数量下限控制位置为引导性	强：禁止开口段、出入口数量；弹：出入口具体位置
	地下出入口　人行	√		弹
	地下公共连接通道　车行	√，方向、位置		弹
	地下公共连接通道　人行	√，方向、位置		强：方位；弹：位置
	地下人行过街设施	√，位置		引导性
	地下轨交设施	√，控制范围		强：控制范围
	地下交通设施	√，位置、数量、范围		强
地下环境与设施配套规划控制	下沉广场	√，位置、数量、范围		
	地下垃圾收集点	√，位置、数量、范围		弹
	其他配套设施	√，位置、数量、范围		
地下市政设施规划控制	市政综合管廊	√，平面与竖向	√，地下市政设施如地下变电站等	强：控制范围
	地下市政管线	√，平面与竖向		
	其他市政配套设施	√，位置、数量、范围		
地下防灾设施规划控制	地下人防设施	√，类型、位置等	√，级别、规模、功能等	弹：位置、范围、面积、平时战时功能、级别等

SI1-1-3 地上地下协调统一

　　城市地上地下市政设施空间的协调统一，要贯穿于城市开发建设的全过程，需结合城市地下空间开发，统筹各市政设施系统结构性要素的最优布局，实现地下设施与地面设施的协同建设。地上地下市政设施空间统一规划、协调深化，互成体系。伴随城市共同发展的城市地下空间是为城市主体服务，为人们提供更高效、更安全的市政基础设施服务及生活空间，需要全面协调地上建筑、市政设施系统等与城市地下空间之间的关系。

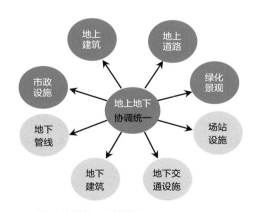

地上地下协调统一示意图

SI1-2

市政空间安全保障

城市是否充满活力与生机，安全是最重要的基础保障，对于市政空间，体现地域特色的城市竖向安全，既可以作为一个城市的特色标志，又可以让城市最大限度地免于洪涝及不良地质灾害的冲击；综合管线、市政基础设施的安全，也是城市居民安居乐业，生活水平不断提升的物质基础。

SI1-2-1 竖向布局防洪排涝

城市规划中竖向布局要综合考虑不同地形地貌地质条件下城市防洪、排涝、景观、道路交通及建筑布置等诸多因素，通过对自然地形的利用和改造、以土方调配的手段来完成对场地初步平整。城市竖向规划不仅要考虑景观、生态因素，还要考虑城市安全，其中城市防洪排涝安全是重中之重。

在山区丘陵地带，竖向规划设计除了要考虑防洪排涝等因素外，特别要注意的是暴雨时周边山体形成的山洪、泥石流等对规划区域的影响，并采取必要的防护措施。

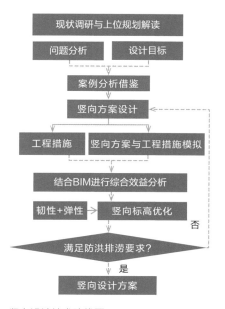

竖向设计技术路线图

在平原有水系的地区，根据规划场地实际情况，本着因地制宜、安全畅达、土方优化、的原则合理安排防洪排涝设施和场地竖向设计，同时注意：

（1）防洪堤保护范围内的规划水系自成系统，与防洪堤外水系衔接采用排水闸等排涝、截洪设施；

（2）规划用地高程应高于该区域规划水系防洪标准最高洪水位0.5m以上，并满足城市竖向规划设计相关规范的要求。

SI1-2-2 地下管线空间防护

基于市政地下设施全生命周期本质安全原则，根据市政道路系统的布局，科学安排地下管线系统的配置、走向和管位，根据管径、管材、埋深、管内介质特性及压力、运行维护等因素优化管线走向、管位和安全间距，减少管线间的互相干扰，需要的时候，采取相应的针对性防护措施。

SI1-2-3 综合管廊高效安全

1. 综合管廊建设是市政管线高效集约布置、节省地下空间、保障管线安全的有效途径。综合管廊内部空间集约，配套附属设施能够保障廊内的适宜环境，廊内管线处于明敷状态，环境腐蚀性较小，避免第三方破坏，管道维护便捷，管廊及管线监测设施和日常巡检可随时发现和解决管道存在的问题，有利于延长管道使用寿命，管道安全稳定运行得到更好保障。

2. 综合管廊应划定保护区范围，并进行管廊健康检测和监测。保护区范围宜分为安全保护区和安全控制区。干支线综合管廊安全保护区外边线距管廊结构外边线不宜小于3 m，安全控制区外边线距管廊结构外边线宜为15~50m。综合管廊在运营期应进行常规检测与监测，主要包括对本体结构进行日常巡检、本体重点部位进行定期检查等，特殊项目可进行长期监测。综合管廊本体结构经受火灾、地震、洪水等作用后，需要对本体结构进行特殊性检测，以评定结构的健康状态。

3. 天然气管线宜采用单舱布置。管道设计压力不宜大于1.6MPa；天然气舱内应采用防爆风机，舱室的气体探测报警系统及通风系统应满足相关标准要求。天然气管道进出管廊时应设置具有远程开/关控制功能的紧急切断阀。当天然气管道与供水管线共舱时，应进行安全风险评估，含有天然气管道的综合管廊不应与其他建/构筑物合建；天然气管道舱室与周边建/构筑物间距应符合现行国家标准《城镇燃气设计规范》GB 50028的有关规定。

4、热力蒸汽管线应在独立舱室内敷设。热力管道不应与电力电缆同舱敷设。热力管道、管件及附件均应保温，保温结构的表面温度不应超过50℃。热力管道进出综合管廊时，应在管廊外部设置阀门。热力管道舱室逃生口间距不应大于400 m；蒸汽管道舱室逃生口间距不应大于100 m。热水管道的高点应设置放气装置，低点应设置泄水装置，泄水管应引至管廊外部安全空间。蒸汽管道疏水装置排放管应引至管廊外部安全空间。

综合管廊断面示意图

SI1-3

数字赋能地下空间

> 通过数字赋能地下空间，打造一套统一的全生命周期的地下空间数字化管理技术体系和平台产品，能够实现对地下空间信息的集成管理、分析与服务，有力地推动地下空间的精细化管理，为夯实新型智慧城市地下空间开发利用、保障地下空间科学管理提供智慧化技术支撑。

SI1-3-1 地下市政空间数字解决方案

基于先进的数字技术，制定科学有效的地下市政空间数字解决方案，建立全域感知、智能检测、预警应急、快速决策体系，实现地下空间的数字化管理。

建立统一管控体系，通过精准、全面地采集地下空间数据，有效整合和分析物联感知信息，构建地上地下一体化数据存储与融合的数据库；搭建三维可视化场景，基于BIM+ 3D GIS等技术，建立三维地质环境模型和三维地下设施模型，实现地下空间及设施设备可视化表达，应用于规划、设计、施工、运行维护各阶段。

构建决策响应系统，通过叠加静态测绘数据和动态感知数据，实现快速预警，并通过融合城市地下空间适宜性评价、地下空间资源质量和风险评价、城市地质环境保护、防灾减灾、智慧管网全生命周期运营管理、土壤污染防治和修复等信息，助力地下空间科学决策。

SI1-3-2 智慧管廊智慧运维管理

借助于物联网、云计算、大数据、BIM、GIS等技术，采用分层设计、统一架构、标准协议、协同管理整体技术架构，构建智慧管廊综合监控及运行维护管理平台。平台具备结构健康监测、环境监控、火灾报警、高压监测、电子巡查、应急通信、指挥调度、消防联动、安全防范等功能模块，并具备与城市地下管网信息管理系统对接的功能，实现了管廊全生命周期各参与方在同一平台上的分布式数据采集、大数据分析、监控运维等所有应用服务，保障管廊安全、高效、智能、绿色运行，着力提升城市基础设施功能和城市运行能力。

SI1-3-3 地下管网智慧运维管理

地下管网智慧运维管理系统是实现智能管网管理的手段和载体，在精确探测、定位管线的基础上，实时监测感知管线运行状态，采用大数据建模的分析理念，实现管网信息多元化应用，构建城市地下管网全生命周期管理的综合信息平台。

通过物联网平台实现对生产安全风险点的全面监控；通过大数据建模，实现设备设施数据的实时分析处理，保障生产活动安全有序。建立城市地下管线动态更新机制和有效的管理运行机制，实现城市管网信息的即时交换、共建共享、智能分析和动态更新，实现管网运行事前优化预测、事中实时监测，事后全面分析的闭环管理，降低城市管网运营成本。

SI1-3-4 地下市政设施智慧运维管理

以地下式水厂为例，地下市政设施智慧运行维护管理平台通过在线监测设备实时感知地下水厂各类设备的运行状态及水质信息，采用可视化的方式有机整合水务管理部门，利用大数据分析技术对水务信息进行分析与处理，生成水质模型并提出辅助决策建议，实现水司的运营管理的智慧化。平台涵盖生产工艺、运行保障、原材料管理、设备维护、构筑物维护、环境管理、人员管理、安全保障等系统，具备统一的数据标准、协议标准、接口标准、通信协议，通过信息

化系统软件和管理软件的高度融合，实现地下水厂整体的智慧化运营。

SI1-4
市政空间绿色建设

市政空间全专业、全过程、全生命周期建设，从规划阶段依据国土空间规划，统筹市政基础设施规划，达到地上地下协调统一，专业间的协调统一，建设时序的协调；建设阶段采用装配式技术及材料循环利用，并降低施工对环境的影响；运维阶段智慧管控，节能低耗。

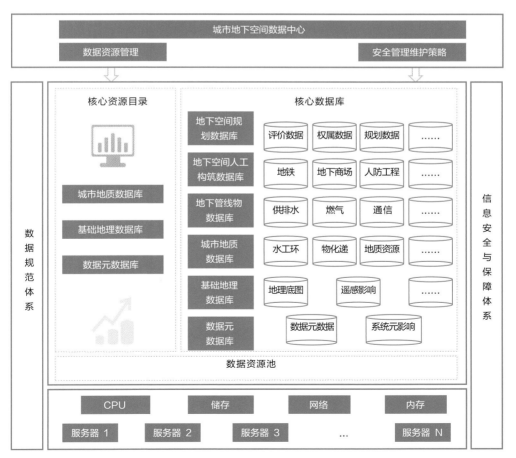

城市地下空间数据中心

SI1-4-1 建设时序统筹协同

依托市政空间完整性评价管理平台，全过程参与市政设施规划、设计、施工、验收、移交、管理，统领市政工程各建设环节。每个建设环节均需通过该平台统一动态协调，确保市政设施系统符合城市整体功能要求，杜绝因信息不对称导致的重复建设，确保市政设施功能全生命周期本质可靠。

协调统一各类市政管线及相关工程的建设时机和时序重点包括两项工作：一是建立市政管线和道路建设的全过程管控统筹机制；二是建立规划联动的空间协同实施机制。

通过建立市政管线实施协同机制，多举措推进市政管线建设和改造。秉持可持续发展的原则，结合低影响开发的理论，注重环保材料的使用，打造绿色生态文明建设过程。

SI1-4-2 降低施工及运维对环境影响

1. 降低施工对环境影响

市政基础设施施工过程中应控制粉尘及废气含量，降低对空气质量的影响；控制地下设施及管道沟槽开挖施工的基坑降水对地下水环境的影响；减少盾构、顶管、定向钻及桩基等施工中产生的泥渣对地表水环境的影响，泥渣可回收利用；降低非开挖施工引起的沉降变形对地面道路及地下设施的影响；降低施工噪声对周边环境的影响；合理设置交通疏导，降低占路施工对城市交通的影响；合理设计交通枢纽，减少对原有社会环境的影响。

施工对环境影响因素示意图

2. 降低运行维护对环境影响

应采取措施降低设施运行维护对周边环境的影响。

运维对环境影响因素示意图

根据环境条件，运维中噪声、废气、废水及泥渣的排放应符合相应标准的规定；应降低供水管线爆管引起的路面塌陷及水淹的影响；应降低燃气管线渗漏或爆管引起的爆炸风险；应降低热力管道爆管风险；应降低污水管道及合流管渗漏导致的污水量增加；应防止雨污水管渗漏引起的地面塌陷；应防止第三方施工对管线造成破坏；老旧的地下市政管线应积极采用非开挖修复更新技术。

SI1-4-3 建筑材料循环利用

以"可持续""节约性""经济性"的可循环理念为基础，市政基础设施工程建设应结合自身工程特点，减少一次性材料的使用，加强传统建筑材料、一般废弃物、新型材料的可循环利用。

以传统建筑材料为例，老旧市政工程拆除产生的混凝土废块，可将其粉碎成需要粒径范围的粗骨料，代替传统混凝土中的石子，重新搅拌形成再生混凝土，实现循环利用。

建筑材料循环利用示意图

SI1-4-4 预制装配式场站设施及综合管廊

市政场站设施及综合管廊预制装配式建设可节约用地、减少材料消耗和环境污染、提升施工效率和速度，是绿色市政建设的发展方向。市政场站设施中给水排水构筑物预制装配宜采用钢筋混凝土结构和预应力钢筋混凝土结构，小型构筑物也可采用钢结构形式。预制装配式综合管廊可采用钢筋混凝土结构、钢结构及其他材料结构形式。

预制装配式钢筋混凝土管廊可采用多舱大节段预制管廊、节段式预制管廊、预制叠合整体式管廊、分块预制拼装管廊等结构形式。部分工程中应用了预制装配钢结构综合管廊。综合管廊非开挖施工时可采用盾构、顶管等装配式钢筋混凝土结构。

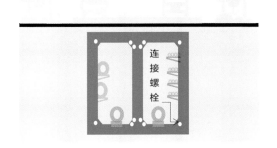

装配式综合管廊示意图

SI2

空间优化

SI2-1

竖向空间优化布局

在有限的城市空间中，合理安排市政基础设施，平面顺畅清晰，竖向层次分明，在功能与安全兼备的前提下，合理利用和优化节省空间，实现安全韧性，是空间融合的重要内容；主要体现在因地制宜的城市竖向规划，顺应自然，土方调配经济；合理利用地形，适当的改造地形；空间衔接以人为本。

SI2-1-1 优化竖向减少挖填

根据"生态安全、经济合理、随坡就势"的原则合理确定城市竖向标高，在保障城市防洪排涝安全的前提下少挖填，实现土方"就近平衡"的原则。竖向规划的土方平衡要利用有利地形，提高用地的使用质量、节省土石方，提高开发效益，要使挖方量与运距的乘积之和尽可能为最小，好土用在要求回填质量较高地区，取土和弃土应不占用或少占用农田、牧场，分区调配应与全场调配相协调，避免只顾局部平衡，

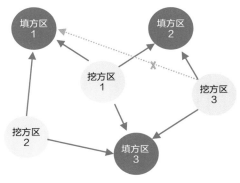

土方就近调配示意图

任意挖填而破坏全区平衡，应当选择恰当的调配方向、运输路线，使土方机械和运输车辆的效率得到充分发挥，土方运输无对流、乱流现象。道路、竖向设计不影响基本的地形构造，减少对生态系统影响和碳汇林容量影响，减少对原有自然环境的地表径流量影响，不影响城市的文脉及其周边的环境等。

SI2-1-2 优化地形竖向融合

1. 在进行竖向设计时，应按照不同现状地形，根据用地性质、用地布局、防洪水系等确定合适的用地布局方案。在地形坡度较大地区，应因地制宜确定竖向设计方案，避免大挖大填，充分利用地形，地块内地势低的一方要加大地下空间的利用，通过设置下沉式广场和地下车库等形式来优化竖向布局。

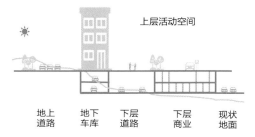

竖向布局利用现状地形示意图

2. 城市高地和低洼地相对集中，存在洪涝风险时，应按照"择高地，优低地，留洼地"的原则，地形较高处用于高强度城市开发建设，地形较低处用于低强度开发建设，洼地部分作为蓝绿海绵空间、都市农园、郊野景观，具有调蓄功能。

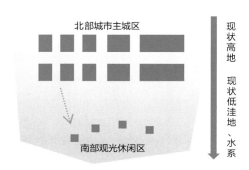

平面布局利用现状地形示意图

SI2-1-3 道路竖向地块融合

竖向设计时，道路竖向要与场地竖向紧密结合。道路竖向标高直接制约着场地标高，道路竖向标高直接影响到整个区域的竖向及用地方便与否，合理的道路竖向更能符合用地功能要求。

在平坡地区，场地应设置成平坡式，为方便排水，场地标高要高于道路标高20cm以上。

平坡式竖向设计示意图

丘陵地区，场地应设置成台地式，并与建筑地下空间利用结合，合理选择建筑进出口和道路标高。

台地式竖向设计示意图

低洼地区，为减少土方量，建成生态岛的竖向形式，防洪堤兼有城市快速路的功能，在防洪堤与城市用地间建成景观缓冲带。

防洪堤与城市道路结合示意图

SI2-2

管线综合集约优化

管线综合的功效体现在合理利用地下空间，协调市政管线之间、市政管线与综合管廊之间、市政管线与其他相关设施之间的空间关系，结合城市的发展合理布置，充分利用地上、地下空间，与城市用地、城市交通、城市景观、综合防灾和城市地下空间利用等规划相协调。

SI2-2-1 管线综合空间优化

1. 管线综合

合理利用城市用地，统筹安排工程管线在地上和地下的空间位置，协调工程管线之间及工程管线与其他相关工程设施之间的关系，结合城市的发展合理布置，充分利用地上、地下空间，与城市用地、城市交通、城市景观、综合防灾和城市地下空间利用等规划相协调。

（1）打破固有的"有路即有管"的管线布置方式，建立"专业规划—管线综合多次调校与反馈—专业优化调整—管线综合整合确认"的综合规划机制，

在多条街、巷分别敷设不同专业的市政管线，由不同方向分别接入院落的方式，共同为居民提供全面的市政管线服务。

（2）优化管道平面位置，将分支多、维护频繁的管道远离道路中心线布置。

（3）创新管道竖向位置，地下空间趋向于跨越市政道路的集中开发模式时，地下空间设计需要充分考虑覆土深度，若管线数量较多则造价增大，故引入地下空间公用设备层敷设的管线布置方式，缓解竖向矛盾。

SI2-2-2 管线空间集约布局

依规建设合理优化城市地下市政管线系统的平面布局与竖向配置，充分利用大数据协调地上、地下关系，在空间上保障城市地下市政管线系统全生命周期本质可靠。

整合市政管线系统集约优化布局，合理、有序使用城市地下市政空间，塑造鲜明的城市生态环境，促进城市低碳可持续发展。

集约布局市政干线系统建设通道。结合市政道路系统、轨道系统、地下空间等相关要素条件，统筹市政干线系统布局。

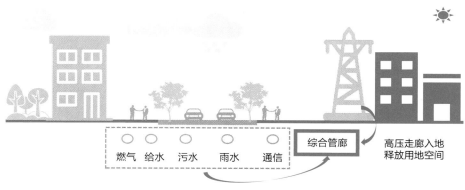

高压走廊入廊释放用地空间示意图

SI2-2-3 综合管廊空间优化

1. 综合管廊断面空间优化

综合管廊断面空间的优化应基于科学完善的上位规划与相应的管线入廊落地性论证，在满足当前需求

的基础上，适当考虑远期预留。加强管线入廊论证环节的管控，入廊管线与管廊本体同步设计，有利于管廊的整体优化。

综合管廊断面布局可充分结合管线安装实际，合

理地优化管道间距并结合吊装、巡检的空间要求，优化管廊断面尺寸。对于直径较小且推力不大的管线可适当考虑顶部吊装方式。

综合管廊断面的管线布局应预先考虑管线分支口、管廊交叉、人员出入口等节点空间扩展要求，寻求节点空间变化对廊内管线敷设影响的最小化。

廊内附属设施应尽量采用小型化、智能化、集成化设施，最大限度将空间让渡于入廊管线。

应大力推广电力、通信、给水管共舱的小型化管廊的应用，适度降低管廊的维护等级，从而整体降低管廊的基本投资。

2. 综合管廊节点空间优化

管廊节点宜采取通风、吊装、逃生等功能的集成化设计，将功能空间共享以减少节点规模。

多舱管廊吊装口宜采取共用地面出口，人员出入口宜采取人员顶入式以充分利用管廊上部覆土空间。

管线分支口的设置应与道路管线综合设计紧密协调并采取集中出线方式整合管线分支口节点。

管廊交叉节点宜采用上下交叉方式，空间受限的条件下可仅考虑人孔爬梯方式实现管廊人员互通。

SI2-3
地下空间综合开发

地下空间综合开发是提高城市环境质量，完善基础设施，深化功能配套，提高城市韧性的有效途径；市政设施与地下空间共享及地下设施集约融合，能够提升基础设施建设与管理水平，综合化利用地下空间资源；市政设施高效融合并预留弹性发展空间，建立紧凑集约、以人为本的地下空间。

SI2-3-1 地下空间综合开发

在统一规划的前提下，对地下空间进行三维立体式及功能复合化的开发，形成配套完善、功能复合、上下一体、交通便利、安全舒适的地下空间网络。作为统一、集约、高效的有机整体，可提高现代大城市环境质量，解决交通问题，完善基础设施，深化功能配套，是提高城市韧性及综合利用价值的有效途径。

SI2-3-2 市政设施与地下空间共享

复合型地下综合体是落实中心区市政设施与地下空间共享的一种新模式，是将交通、市政、防灾、公共服务等不同功能空间整合在一起的大型系统，已成为地下空间综合性开发的趋势，也是提升基础设

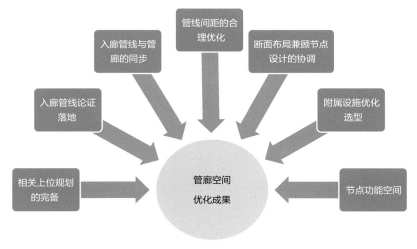

综合管廊空间优化元素示意图

施建设管理水平，满足网络化、集约化、深层化、综合化利用地下空间资源的发展需求。但需要特别注意的是，复合型地下综合体的建设具有不可逆转特性。

1. 要建立一体化的全生命周期统筹规划。以专项研究为技术支撑，市政设施设计应与城市设计紧密结合，与城市发展目标、空间结构、开放空间、绿地系统相协调。

2. 预留充足弹性。地下空间规划也应明确地块内建筑附属地下空间利用的底线要求，预留地下市政设施的建设空间、缓冲弹性空间。

3. 以公共服务为导向，优化以人为本的空间体验，实现地下空间紧凑集约。

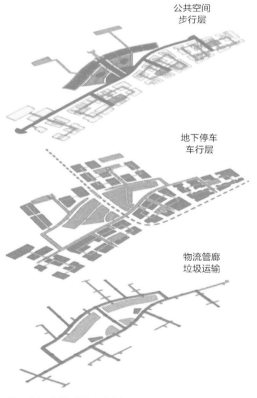

公共空间
步行层

地下停车
车行层

物流管廊
垃圾运输

地下空间分层利用示意图

SI2-3-3 地下设施集约融合

建设市政设施公园为例。

在绿廊里集成"污水处理厂、再生水厂、220kV变电站、垃圾转运站"基础设施，并实现公园化。污水处理构筑物全部采用地下式设计，上部覆土绿化，以保证厂区变成城市花园景观。传统能源供应方式大多为能源单一、大规模的"一厂一站一能源"供应模式，该模式便于集中管理，但是与用户端的距离较远，不同能源之间互补性差，无法保证安全性和可靠性。区域综合能源站系统是一种将区域内各类市政能源供应系统集中布置的设施，系统通过先进的智慧管理系统可以实现"多能互补、多源协同"的能源优化运转方式，从而提升能源的整体利用效率和节能。

目前，在市政行业中应用较多是电力、供热（冷）、供气、生活热水等能源集中供应的能源站，某综合能源站布置如下图所示。

上层活动空间

| 生活热水站 | 锅炉房 | 供水及消防站 | 变电站 |

下层服务空间

综合能源站布置示意
地下市政基础设施集约建设示意图

SI3

设施融合

SI3-1

市政设施廊道集并

> 市政空间总体呈现集成化趋势，包括功能集成：交通、停车、公共服务设施、其他市政设施的功能集成；空间集成：优化空间，廊道集并；动态集成：随着城市发展和地下物流等新技术融入，市政空间集成带来新发展；市政空间和周边地块一体化设计，立体化且功能高度复合，更高效、更便捷、更有活力。

SI3-1-1 市政管线与地下空间一体化建设

市政基础设施及配套管线与地下空间协同建设，有利于保障城市安全、完善城市功能、增强城市地下空间利用效率、促进城市集约高效和转型发展，有利于提高城市综合承载能力和城镇化发展质量。

应采用"统一规划、统一建设、统一管理"的建设方法，做到管线集并、空间集约化，实现城市地下空间综合利用及资源共享，增强城市地下空间利用效率，提高城市综合承载能力和城镇化发展质量。

SI3-1-2 综合管廊+

以综合管廊作为城市综合管线的载体，在一定条件下可拓展其功能，如综合管廊+物联网、综合管廊+海绵等；结合不同城市水文地质特征及经济发展情况，合理制定综合管廊及综合管廊+规划方案；实施精细化、多维度市政管线综合及综合管廊+模式，并参照《城市综合管廊工程技术规范》GB50838制定规范化、廊道化的城市公共管线铺设与运行维护管理要求。基于智能安全保障考虑，构建综合管廊+物联网的运输和供应系统，确保高效、智能、无中断物流运输；结合综合管廊和地下空间相，降低企业物流成本，缓解交通压力，保障运输安全畅通。

燃气舱　　电信舱　　电力舱　　水舱　　物流舱

综合管廊+示意图

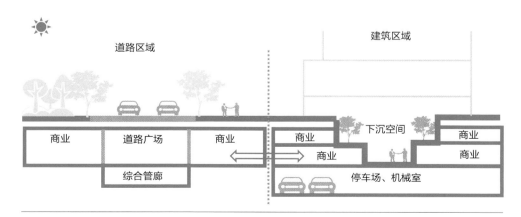

市政管线与地下空间一体化建设示意图

SI3-2
灰绿设施集约融合

> 市政空间是一个能将灰色、绿色设施有效融合的特殊载体，灰色市政设施与海绵城市的结合，地下空间系统互联互通，竖向分层合理的地下空间系统构建，市政设施和绿化景观的有效结合，建筑地下空间与地下市政空间的有效融合等，是城市生机勃勃、绿色发展的重要保障。

SI3-2-1 综合管廊与排水防涝及海绵城市设施的融合

1. 统筹规划，科学建设

海绵城市、排水防涝和综合管廊是当前城市化建设的核心内容，三者在设施布局、功能需求实现上有交集，应有机融合、统筹规划、科学建设。作好城市防洪规划、城市排水防涝设施建设规划、综合管廊工程规划、海绵城市规划、城市工程管线综合规划等的相互衔接，切实提高各类规划的科学性、系统性和可实施性，实现地下空间的统筹协调利用，科学确定建设工程。严格按照国家标准，将城市排水防涝与地下综合管廊、海绵城市建设协同推进，坚持自然与人工相结合、地上与地下相结合，提高城市安全。

2. 综合管廊与排水防涝设施的融合

因地制宜，有序推进地下综合管廊和排水防涝设施建设，合理利用地下空间，充分发挥管廊对降雨的收排、适度调蓄功能，做到尊重科学、保障安全。依据城市排水防涝设施建设规划需要建设大口径雨水箱涵、管道的区域，可充分考虑该片区未来发展需求，在不影响排水通畅和保障管线安全的前提下，考虑雨水入廊，采用雨污水重力流管线舱室中的冗余空间或设单独设置雨水舱室为排水防涝服务，实现雨水调蓄、错峰功能，缓解内涝积水情况。

3. 综合管廊与海绵城市设施的融合

综合管廊与海绵城市设施结合点主要围绕海绵城市六字方针中的"滞、蓄、净、用、排"五个方面来实现。"滞"，通过管廊舱体冗余空间把雨水滞留下来，实现延缓洪峰、错峰排水的目的，减轻沿线暴雨期间排水压力。"蓄"，可通过设置雨水舱室，为在暴雨期间发挥雨水调蓄功能提供条件，同时也为雨水回用提供了蓄水空间。"净"，初期雨水经综合管廊收集后，配合相应的雨水快速净化设施处理再进入水体，减少面源污染，从而改善净化城市水环境。"用"，雨水经综合管

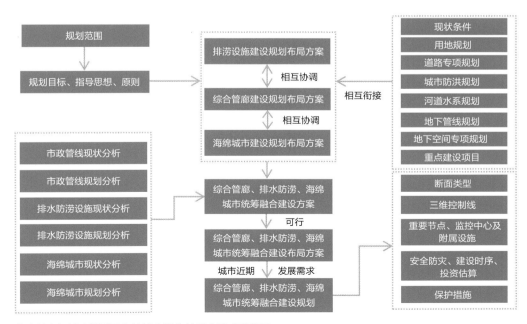

综合管廊与排水防涝及海绵城市设施的融合技术路线图

廊收集后，配合相应的蓄水、净化处理设施，实现雨水回收利用。"排"，通过雨水入廊，实现雨水排放，同时区别于传统的管网排放方式，综合管廊排放雨水更易结合实时监测等技术，为智慧排水提供支撑。

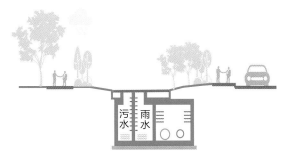

综合管廊与排水防涝设施融合示意图

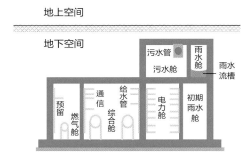

综合管廊与海绵城市设施融合示意图

SI3-2-2 综合管廊与地下轨道、通道交通设施的融合

在城市高强度开发核心区，探索城市地下综合管廊与城市轨道、道路交通设施等地下空间同步建设，统筹融合，有利于保障城市安全、完善城市功能、美

综合管廊与地下交通设施融合示意图

化城市景观、增强地下空间利用效率、促进城市集约高效和转型发展，有利于提高城市综合承载能力。

统筹道路、轨道、综合管廊、市政设施、地下空间等各类交通市政工程项目的用地布局和竖向分层，协调地下空间交通系统与其他市政管线、管廊之间的竖向关系，以及各类设施的建设规模、结构形式、控制尺寸、节点方案及相关配套和附属设施，形成地下空间网络互联互通，竖向分层经济合理的地下空间系统。

SI3-2-3 市政设施与景观空间结合

市政景观是在首先满足市政设施使用功能前提下，在市政工程特定空间范围内，创造一个安全、艺术、和谐怡人的空间环境。

在整体规划设计中，应考虑从如下角度进行美化处理：需注意美化和融合不应以牺牲市政基础设施基本功能为代价，同时满足人的各种生理要求，健康、舒适、方便、休闲。

为保证市政基础设施总体协调，应发挥和通过再创造使得市政设施的形体、色彩和质感为人们感知和欣赏，并赋予一定的人文内涵，能引发人们的情感、联想和心理反应。

污水处理厂可将处理之后的出水利用生态景观相关措施进一步进行净化和处理。可结合地表生态景观布局设置净化塘、湿地、海绵低影响开发设施，通过丰富的园林景观美化污水处理厂。

污水处理厂出水利用示意图

在进行景观绿化设计时，应充分考虑市政基础设施的工程条件。如栽植树种和建设景观构筑物时要结合市政设施进行"量身定制"的规划设计，需要种植

大树的位置尽量采用微地形，达到增加覆土深度的目的，且尽量将大树种植于地下基础设施的梁柱位置等。

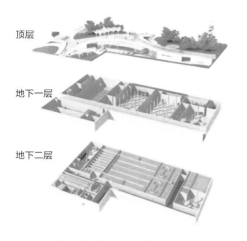

顶层

地下一层

地下二层

屋面种植与主体结构关系示意图

SI3-2-4 市政设施与建筑空间融合

在地下空间开发强度比较集中的区域，市政空间和建筑空间通过功能层有效融合，构建全方位（地下空间、交通、物流、环卫、给水、再生水、雨水、污水、海绵、电力、电信、燃气、供热）、全覆盖（保证每个街区的市政供给）、全周期（建设、运营、维护）城市生命体。

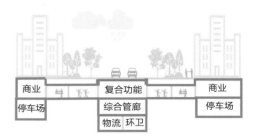

市政次干线与建筑的融合

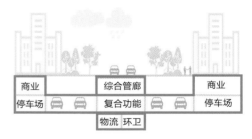

市政主干线与建筑的融合

SI3-3

交通环境导向开发

EOD理念（生态环境为导向开发模式）衍生于TOD理念；通过找到经济社会发展与公共交通开发、生态环境保护之间的平衡点，把公共交通资源、环境资源转化为发展资源，把交通优势、生态优势转化为经济优势，实现生态文明建设和新型城镇化建设的融合发展。

SI3-3-1 TOD模式下的竖向空间协同

TOD站点一般汇集有交通枢纽、大型综合体、换乘站点等，涉及商业、交通、服务、文化，特点是门类全、复杂程度高，是空间功能最为综合，功能区域中活力最强的区域。

枢纽地区地下空间功能以商业、文化、交通枢纽及相关设施、人防设施等为主。在平面位置和竖向分布上综合协调火车站、地铁站、综合管廊、人行空间、市政管线等设施。

在建设用地的浅层地下空间（0~15m），主要安排高铁站厅、地铁站厅、商业街、公共建筑、车库、变电站和人防等功能；在城市市政道路下的浅层地下空间安排地下道路、人行地道、地下车库、综合管廊等功能。次浅层空间（-30~-15m），主要安排地下车库、地下市政设施场站、地铁（隧道）、高铁（隧道）等基础设施。深层空间（-30m以下），宜布置少人或无人的物用空间，深层空间应统筹开发利用，主要包括地下人防工程、地下市政场站等，并注重地下空间资源的保护及空间预留。

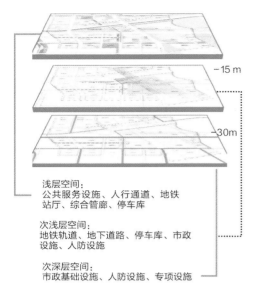

浅层空间：
公共服务设施、人行通道、地铁
站厅、综合管廊、停车库

次浅层空间：
地铁轨道、地下道路、停车库、市政
设施、人防设施

次深层空间：
市政基础设施、人防设施、专项设施

TOD模式下竖向协同示意图

SI3-3-2 TOD模式下的市政设施协同

TOD目的在于构建功能复合、互联互通、上下协调的地上地下空间体系，实现枢纽城市空间立体化、集约化发展。在TOD地区应加强道路、轨道交通、给水排水、再生水、燃气、热力、电力、通信、综合管廊、市政设施、地下空间等各专业协同、明确空间布局和管控要求，构建轨道交通、综合管廊、市政设施、地下空间、智能设施"五位一体"的地下空间系统。通过设置综合管廊和市政设施地下化的方式，实现枢纽地区地下空间的集约化利用。

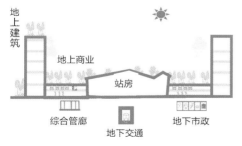

TOD模式下市政基础设施协同示意图

SI3-3-3 EOD模式协同开发

EOD模式是以城市综合开发为支撑，以可持续发展为目标的一种城市发展模式。将公益性较强、收益性较差的生态环境治理项目与收益较好的关联产业

有效融合，统筹推进，实现关联收益互补，把环境资源转化为发展资源、把生态优势转化为经济优势，实现生态文明建设和新型城镇化建设的融合发展。

重点流域治理方面，推进河流污染治理、生态修复、环境提升与相关产业综合开发相结合，鼓励利用相关产业综合开发收益补充流域治理的支出；城乡给水排水一体化建设方面，推进供水排水的一体化、城乡一体化建设，以供水支持排水，以城市支持农村；利用地貌修复、废弃矿山修复，打造生态公园、循环经济产业园，集合旅游、商业、酒店、医院，提升自然资本，带动土地溢价，吸引人口；改造塌陷区，恢复土地生态调节功能，同时建立湿地公园，带动现代生态新城建设，实现土地增值溢价，人口增加，带动经济发展。

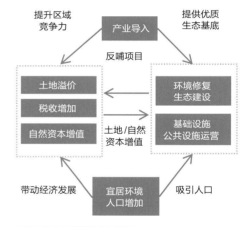

EOD协同开发模式示意图

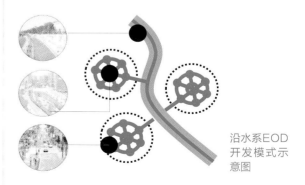

沿水系EOD开发模式示意图

SI3-3-4 双导向模式开发

鼓励探索实践TOD、EOD双模式，对整个城市环境保护与商业开发进行系统谋划，先期政府进行环境治理投入，待条件成熟时再导入公共交通带动生态

旅游、生态文化、生态农业、地产开发、交通商业、休闲娱乐等产业，用产业发展和土地升值带来的财政收入增长，补偿先期环境治理、公共交通的财政支出，用经营性收入实现经营性收益反哺生态环保、公共交通的公益性投入，促进公共交通发展、生态环境保护外部经济性内部化。

双导向模式分为三步走：

（1）重构生态网络：通过环境治理、生态系统修复、生态网络构建，为城市发展创造良好的生态基底，带动土地升值。

（2）整体提升城市环境：通过完善公共设施、交通能力、城市布局优化、特色塑造等提升城市整体环境质量，为后续产业运营提供优质条件。

（3）产业导入及人才引进：通过人口流入及产业发展激活区域经济，从而增加居民收入、企业利润和政府税收，最终实现自我强化的正反馈回报机制。

SI4

韧性增强

SI4-1

弹性冗余韧性空间

城市韧性可以有效应对各种变化或冲击，减少发展过程的不确定性和脆弱性；建设韧性城市，增强防洪排涝能力；市政空间合理预留，韧性增强；拓展城市发展空间，构建生态低碳支撑体系；提高城市基础设施的安全可靠性，为百年市政奠定基础；降低城市运营成本，实现全生命周期智慧管理。

SI4-1-1 竖向设计安全韧性

1. 城市竖向安全性

按照"择高地，优低地，留洼地"的原则，地形较高处用于高强度集中城市开发建设，地形较低处用于低强度开发建设，洼地部分作为蓝绿海绵空间、都市农园、郊野景观，洪涝水调蓄，增加城市的防洪排涝的安全性。

2. 建设用地生态变化率

合理安排场地竖向，根据地形分区块设置浅沟式绿色廊道，平时作为景观绿地，雨季时作为排涝通道使用，不仅增加了城市排涝安全的韧性，也增加了城市的绿地率和景观效果。

SI4-1-2 城市诊断打造个性空间

城市诊断是一项在城市发展规律和现有城市规划理论的基础上，通过一定的分析检查方法，对具体城市或地区的运行状态和发展情况进行认知和评价，发现问题并找到问题产生原因的工作。城市诊断概念的提出及城市诊断工作思想方法的构建可以说是一项既具有传承性又具有创新性的工作。

以人为核心的城市诊断，契合我国"双碳"目标。更高品质的城市空间意味着对人体验质量的更精准优化，从而实现对市政空间的更高效配置和使用达到以人为核心的新型城镇化的要求，更好推进以人为核心的城镇化，使城市更健康、更安全、更宜居。

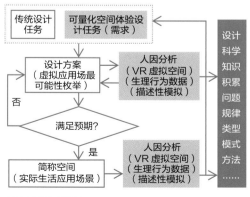

城市诊断示意图

SI4-1-3 百年市政远近结合

自然环境决定土地使用，突出自然环境下的"全生命周期"功能，将城区发展融入自然，并建立系统性生态功能的空间结构体系。市政管线埋设于地下并且成系统，不同于地上建（构）筑物的建设，牵一发动全身，更需要有前瞻性和发展的眼光。要科学规划、适度超前；统筹兼顾、立体开发；集约空间、因地制宜；分期实施、远近结合、高效协同；达到安全运行、智慧管理。科学构建"网络畅达、干支结合、疏密有致"的综合管廊体系；打造集现代化、绿色化、集约化、智慧化的城市综合管廊；建设市政管线、物流管路、垃圾自动收集为一体的管廊全覆盖模式；提升城市安全水平、防灾抗灾能力，打造百年市政、达到国际标准。

SI4-1-4 全生命周期数字孪生

通过采用新技术，合理利用各种资源，构建创新型、环保型、知识型的现代化绿色市政设施体系，实现低碳化布局、数字化管理，让建设开发对生态环境的影响减少到最低程度，与大自然共生。道路、竖向设计不影响基本的地形构造，不破坏主要的生态系统和碳汇林的容积量，不影响城市的文脉及周边环境等。特别是不影响原有自然环境的地表径流量。

同时建立全生命周期的数字孪生系统：构建绿色道路网和慢行系统；开发水资源梯级循环利用系统；建设多水源多等级健康供水系统；建设清洁能源系统；建设无废循环的环卫系统；建设综合管廊＋系统。

百年市政

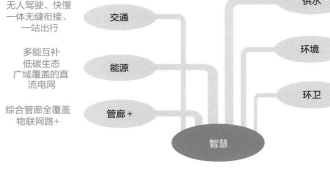

全生命周期数字孪生系统
构成示意图

SI4-2
设施韧性安全提升

地震、洪涝及火灾是影响基础设施安全运行的主要灾害，提高地下市政设施、地下管线及管廊的抗震能力，增强城市地下市政场站设施及综合管廊的防洪涝能力，提升综合管廊消防安全水平，加强地下市政设施的防水能力和结构安全，整体提升城市的防灾减灾能力，保障城市韧性和安全。

SI4-2-1 提高地下市政设施防灾能力

1. 提高地下市政设施及管线抗震能力

地下市政设施及管线抗震设计应满足现行国家标准《建筑与市政工程抗震通用规范》GB 55002的要求。城市生命线工程中的主要设施和主干管线的抗震设防类别应为重点设防类（乙类）。乙类地下设施及管线应按提高一度的要求加强抗震措施。当地下设施及管廊、管线地基存在液化土层时，应采取措施消除或减轻液化影响。

输送水、燃气或热力的压力管道，管材材质应具有较好的延性。承插式连接埋地管道接头抗震变形应满足要求；整体连接埋地管道截面应变应满足要求。市政管线直埋承插式圆形管道和矩形管道在穿越铁路及其他重要的交通干线两端应设置柔性连接接头或变形缝。

综合管廊应结合平面路由、地质情况在管廊纵向合理设置抗震缝，抗震缝处应采取可靠防水措施。综合管廊交叉结点宜设置抗震缝，管廊抗震缝宜采取抗剪锚筋等构造措施。廊内管线应进行抗震设计，考虑管道纵向地震作用影响，管道应采用抗震支架（支墩），并应考虑管廊变形缝对管道的影响。

2．提高地下设施及综合管廊防洪涝能力

城市地下的综合管廊、供水厂、污水处理厂、泵站、供热站、垃圾转运站等地下市政设施的防洪防涝标准应满足城市防洪防涝的标准要求，并防止地下设施积水产生的次生灾害。

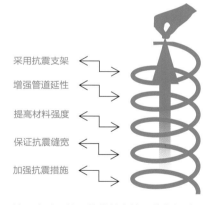

地下市政设施及管线管廊抗震能力提升

应适当加强人员出入口、通风口、逃生口等各类出地面口部的防洪涝措施。设计上可适当提高各类口部出地面高度，或采取其他临时封堵防淹措施，可加强逃生口盖板密封性能。特殊情况下应考虑地下设施进水后的应急排水措施。做好运行维护过程的应急预案和应急措施，保障地下市政设施安全、正常运行，降低各种灾害影响，并有利于灾后的快速恢复。

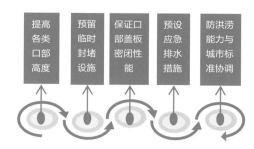

提高防洪防涝能力措施

3．注重城市地下综合管廊消防安全

综合管廊舱室的总体布置应考虑消防安全要求。主体结构及不同舱室之间的分隔墙采用耐火极限不低于3.0h的不燃性结构材料；电力舱及燃气舱的防火分隔墙耐火极限不宜低于3.0h；防火分隔处的门应采用甲级防火门。

干线综合管廊电力舱及支线综合管廊中容纳6根及以上电力电缆的舱室，宜设置自动灭火系统；综合管廊内应在沿线、人员出入口、逃生口等处设置灭火器材。天然气管线宜单舱布置，舱室应设置固定式可燃气体探测报警系统，天然气舱应采用防爆风机。

管廊运行应保障火灾自动报警系统及燃气探测报警系统的正常工作，保障自动灭火系统及灭火器具的有效性，及时发现并消除隐患，并应编制应急预案，保障消防安全。

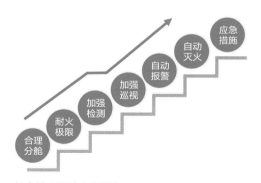

综合管廊消防安全措施

SI4-2-2 良好的防水性能与结构耐久性

1．良好的防水性能，保障设施平稳、有效和安全运行

地下市政设施应具有良好的防水性能，保障设施安全和正常运行，降低运维成本。防水等级不应低于

二级，根据水文地质、结构特点、施工方法和使用条件等因素确定防水措施。钢筋混凝土结构应采用自防水结构，结构构件最大裂缝宽度不应大于0.2mm，且不得贯通。在结构的变形缝、施工缝、后浇带、穿墙管（盒）和预制构件接缝等部位应加强防水措施。防水层应设置在结构迎水面；防水层材料应具有良好的耐水性和耐久性。

地下市政管道应采用防水密封性能良好的接口形式，钢管可采用焊接或柔性密封承插式连接；铸铁、钢筋混凝土、预应力钢筒混凝土管（PCCP）等管道应采用柔性密封承插式连接；塑料管道应采用热熔、柔性密封承插式等连接方式。管道地基、基础及沟槽回填，应保障管道避免产生较大变位，管道转弯处采取防止接口拉脱的稳定措施。

2. 良好的结构耐久性保障设施达到工作年限要求

地下综合管廊主体结构设计工作年限为100年，地下式供水厂、污水处理厂、垃圾转运站等地下市政设施的主体结构为50年。

根据结构设计工作年限和使用环境，采用合理的结构形式及耐久性措施。结构耐久性设计应提出混凝土材料耐久性要求、确定钢筋保护层厚度、提出构件裂缝控制要求及腐蚀环境下的防腐蚀附加措施。混凝土结构的防腐蚀附加措施根据环境作用和条件、施工条件、维护条件及全生命周期成本等因素确定。施工阶段混凝土的配合比、强度、抗渗指标等应符合设计要求，保证耐久性；运维阶段应加强结构监测和定期维护，防止周边环境发生较大变化，保障设施安全运行。

耐久性保障关系图

SI4-2-3 保障地下管线安全性

1. 地下管线安全性保障

城市供水、排水、燃气及热力等各类市政管线的安全性是保障城市韧性和安全的重要环节。应结合输送介质条件合理选择管材，对承载能力和正常使用极限状态进行计算，采取适宜的防腐措施、合理确定管道地基基础方案、明确沟槽回填要求、采取有效的抗震措施、确定的管道穿越方案等。

施工中应严格控制管材质量，保证管道接头和防腐、管基及回填等施工质量，做好管道压力试验和密封性试验。运行维护阶段应保障管道的合理使用、定期检查和及时维护，并防止第三方破坏，进而从全生命周期的各个环节上保障地下市政管线的安全。

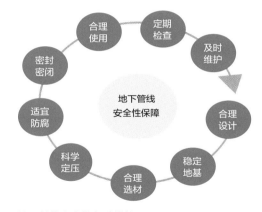

地下管线安全性保障措施

2. 提升市政管网信息化采集率

地下管网数字化能提升现阶段管理效率，提高对既有管线种类、所处位置、埋深、周边条件等属性的检索效率，是及时处理潜在问题的有效途径。因此，既有管线应建立数字化信息系统，增加监测系统，动态了解管线运维情况，提升管理效率，保障安全。

SI4-2-4 非开挖修复延长管线寿命

1. 既有市政管线的渗漏和损坏，通常需要开挖修复或更新，由此引起管线长时间停运、交通堵塞等经济损失及社会影响。在管线修复更新中，应采用非开挖修复技术，结合智慧检测技术，准确定位管线损伤位置，精准修复，避免或减少开挖。非开挖管道修复更新技术，可有效修复管道渗漏和结构损坏，提升管道的结构安全性和密封性，延长管道使用寿命。

2. 给水管道非开挖修复分为非结构性修复、半结构性修复和结构性修复，结构性修复的设计工作年限不应低于50年，半结构性和非结构性修复的不宜低于原有管道的剩余年限。常用方法包括原位固化法、缩径内衬法、折叠内衬法、穿插法和碎（裂）管法等。给水管道修复前应进行管道检测与评估，修复后应进行管道水压试验并进行冲洗消毒和水质检验。

3. 排水管道非开挖修复分为结构性修复和半结构性修复，结构性修复后的工作年限不得低于50年；半结构性修复的管道，设计工作年限应按原有管道结构的剩余年限确定。非开挖修复后的管道应满足结构受力及过流能力要求，尚应满足管道清疏的要求。修复前对原有管道的缺陷应进行检测与评估，修复后的管道内应无明显湿渍、渗水，严禁出现滴漏、线漏等现象，应进行管道严密性试验。

L

L1-L4

景观协调

LANDSCAPE COORDINATION

	L1-1	市政空间结合上位
L1 空间多元	L1-2	市政空间多元优化
	L1-3	市政空间协同融合
L2 资源集约	L2-1	自然条件充分利用
	L2-2	本土材料优先利用
	L2-3	工程材料循环利用
L3 人文共融	L3-1	保障设施功能属性
	L3-2	突出地域文化特征
	L3-3	突出设施安全友好
L4 景观链接	L4-1	公共景观链接服务
	L4-2	防护景观链接安全
	L4-3	场地景观链接和谐
	L4-4	附属景观链接融合

L1

空间多元

L1-1

市政空间结合上位

城市空间是社会经济、政治、文化等要素的运行载体，各类活动形成的功能区构成城市空间结构的基本框架；为各类市政基础设施载体的空间（简称市政空间），与生态文明建设、人民幸福生活息息相关；市政空间设计应遵循上位规划，考虑城市发展方向、顺应生态廊道，与功能布局有机结合，发挥引领作用。

L1-1-1 市政空间设计遵循规划

随着生态文明建设的推进，建设美丽中国步伐的加快，人民群众对美好生活需求的提高，市政空间与人民的生活品质息息相关。

市政空间在设计时应考虑与上位规划的紧密衔接，需从整体上考虑与城市空间形态的协调，需结合城市自然条件和人文地理特点，使景观视觉轴线布置与城市风廊结合。空间布局要满足功能性要求，同时兼顾美观性，为城市的未来发展预留空间。

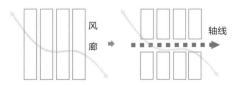

城市风廊、轴线的结合

L1-1-2 市政空间设计顺应廊道

将市政空间中的基础设施与城市规划中的绿廊、水系、风廊等结合布局，利用良好的生态基底改善并提升基础设施的形象。需要结合规划布局，加强市政基础设施与蓝绿空间的融合。

要梳理市政基础设施项目所在区域的国土空间规划、总体规划、详细规划、专项规划等内容；要了解规划对该地块的用地性质、建筑控制线、绿地率、容积率等相应指标的要求，做到心中有数，从而更好地开展规划设计工作。

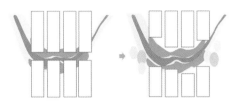

规划设计中的生态廊道、蓝线退让示意

L1-1-3 功能类型有机结合

市政空间基础设施设计需要结合城市规划功能布局，因地制宜进行空间的划分。可通过市政空间组合进行空间分隔、联系、过渡。

例如，市政基础设施中的绿化空间需要对周围异质性空间进行划分，对游人视线、行为、路线进行引导，有助于绿地的管理、景观的营造、游人线路的组织，与周围环境相协调，为公众提供一个安全、优美、合宜的绿色空间。

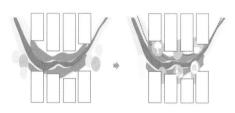

滨河建筑功能划分融合规划、蓝绿线规划

L1-1-4 市政空间设计统筹绿地专项

在市政空间设计中，由上位规划引领，考虑各专项规划重点，作到特点突出，有针对性。各专项规划编制中，要在城市总体规划框架内合理布局，与绿地系统规划的地域性、系统性、多样性原则契合，与有关的法律法规、技术标准、规范、相应各类规划成果相呼应。在对应绿地专项设计中，明确各类绿地的特点，并与城市其他空间相关的专项密切结合，提升景观融合度与空间节约利用水平。

各类专项与绿地专项的关系对应示例

L1-1-5 市政空间设计近远期结合

明确地块近远期建设主要内容，依据功能实际需求，提出设计地块建设分期范围，考虑近远期场地边界的有机衔接与过渡，并与邻近其他场地近远期规划紧密配合，确保场地功能的合理性与可实施性，提高设计科学性。

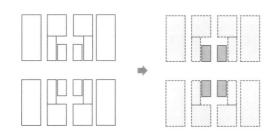

近、远期建设相互衔接示意图

L1-2
市政空间多元优化

市政空间按空间构成可分为底部空间、垂直界面空间、顶部空间，缺少关注的通常是消极底部空间；市政空间优化要从功能复合、生态集约、以人为本的原则出发，从地下置换绿化空间，集约利用顶部空间、垂直空间，重塑消极底部空间，联动激活边界空间着手，提高空间多样性并改善使用者体验感。

L1-2-1 地下置换绿化空间

对采光无严格要求的市政基础设施空间，可将其功能区设置于地下，置换出更多的地面绿地空间，将公园绿地与市政基础设施形成复合功能有机体，成为城市文化生活的新载体。原有地上功能置于地下，将市政基础设施消隐于城市公共空间环境之中，提升城市环境。基础设施景观化成为开辟新的地面城市公共空间的场所与媒介，成为居民健身、文化交流、创意活动的新平台。

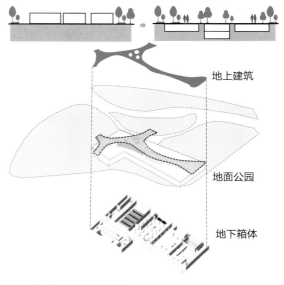

地上建筑

地面公园

地下箱体

某全地下污水处理厂厂区
设计结合场地地形及周边环境，将污水处理工艺集成为箱体，设置于地下，置换地面空间，获得更多绿化空间

L1-2-2 集约利用顶部空间

部分市政基础设施由于特殊的工艺和技术要求，不适宜全部设置在地下，顶部空间需超出地表，可以通过对其顶部和周边空间进行景观化处理，如覆土绿化。通过构筑人工自然环境，形成多样的公共空间，并赋予市政基础设施以新的社会、文化、环境功能，改善原有的单一功能，创造优质的景观环境氛围。

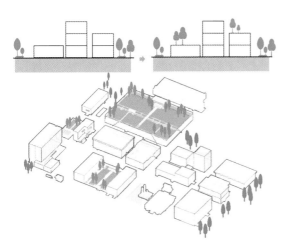

案例：某污水处理厂生物池屋顶绿化

在地上、半地上污水处理厂部分单体顶部空间，适当采用屋顶绿化方式，显著提高绿化率，起到降温保护作用，有助于节约建筑能耗，并与周围环境完美融合

L1-2-3 生态集约垂直空间

垂直界面作为地面空间与屋顶空间的衔接部分，如某些基础设施厂区建筑的外立面墙体、桥梁立面等，其垂直界面可利用空间较大，可以通过设置地域元素的文化墙凸显区域文化气息，布设多层次垂直绿化，实现垂直空间的景观化、生态化。

对垂直绿化而言，可分为攀援类、设施类。攀援类绿化可在垂直方向设置花槽和支架、水平方向设置花槽，种植蔓生性强的植物。设施类绿化可结合植物载体进行打造，如直壁容器式。

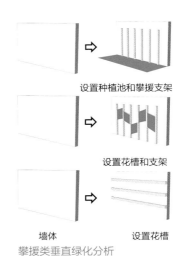

设置种植池和攀援支架

设置花槽和支架

墙体   设置花槽

攀援类垂直绿化分析

L1-2-4 重塑消极底部空间

向空中发展的市政基础设施如高架道路、轻轨等，其下部附属空间通常处于荒废状态，将这些具备空间潜力的附属空间开发出来，使之成为充满活力的开放空间。在具体设计中，应先判断底部空间是否具备设置开放空间的条件，可通过空间可达性、噪声、场地照明、空间面积、设施配置等指标对场地适应性进行评价；然后需要分析空间面临的核心问题，有针对性地选择不同的措施对其进行优化设计；最后，可通过置入绿化、增加设施、引入活动、转译历史文化元素等内容构建，提升场地活力。从而重新联系被割裂的城市肌理，促进城市环境品质的良性发展。

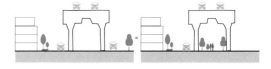

桥下空间利用示意图

L1-2-5 联动激活边界空间

边界空间可视为场地内与外的重要媒介。如厂站、人工湿地等基础设施，其边界简单设置围墙作为场地内外的分隔，边界区域未能与相邻周边的空间产生联系，导致边界空间单调乏味，甚至荒废，设计可以在转角处进行边界流线重组，清晰指导方向，设置多类型停留活动空间，强化场地内外的联系，增强基础设施与周边环境的融合度。

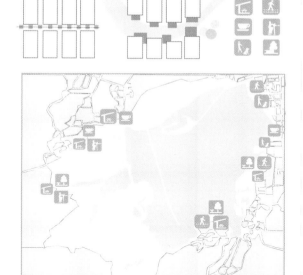

杭州西湖边界空间利用示意图
西湖景区作为开放式景区的代表，充分利用场地边界，结合周边用地，营造多样活动场地，形成复合的多尺度休闲空间，提升城市形象与居民满意度、体验感

L1-3

市政空间协同融合

在城市化快速发展阶段，市政空间是城市空间拓展影响最显著的空间类型；市政基础设施项目设计要从规划智慧性、环境融合度、界面多样性、协同管理等角度出发，合理开发、有效结合，构建特色空间形象，营造高品质场所，发挥市政基础设施项目在城市空间形态整合、城市治理方面的重要作用。

L1-3-1 景观规划智慧生态

景观规划应追踪国家五年计划的前沿方向与重点，考虑景观的智能化、生态化趋势，与时俱进，确保自然环境和谐，实现自然共生。

通过智能化系统的设计和建设，构建智慧服务、科技互动体验、智能技术应用、智慧管理、智慧安防、环境监测、科普教育、智慧营销等多维一体的智慧信息系统，满足市民不断提升的便利和智能体验需

求，提高市政绿地日常综合管理和运营能力，打造优质的生态环境。

智慧景观规划结合示意图

L1-3-2 统筹周边环境融合

将基础设施与周边环境在空间和功能上融为一体，结合公园、广场等形成相互交织的综合体，满足城市的多功能要求。通过结构形式上的变化促进基础设施景观的复合化，将景观与基础设施空间界限模糊处理，形成两者无缝衔接。

在市政项目中需梳理周边环境（如公园、广场、住区、街道、校园）的用地布局、空间界面、构成要素等内容，作为设计已知条件，提出对项目本身有益的设计信息，如交通组织、地块布局、界面类型、植物配置、文化导入等信息，在设计时进行呼应与区别，更好地与周边环境融合。

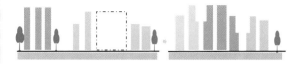

天际线衔接示意图

L1-3-3 延伸界面空间融合

将市政基础设施所处空间界面类型进行细分，结合功能需求，通过开敞型、半开敞型、封闭型等空间类型有机组合，营造界面的连续性、序列感，增强场地内外的功能共生、空间效能、环境融合。

首先，不同空间类型的市政基础设施项目需对所处空间构成要素进行调研、梳理，其次，进行空间类

型划分，明确其对应的空间特征及问题，最后，针对存在的问题进行分析，提出对应设计策略。可通过对称、序列等手法，形成连续性与序列感，从而提高界面空间融合性。

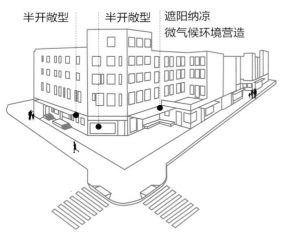

半开敞型   半开敞型   遮阳纳凉微气候环境营造

良好的街道转角空间示意图

L1-3-4 增强协作权益共享

将基础设施与周边用地共同考虑，进行相关专业协调整合、规范标准融合探索，建立"协同管理"和公众参与机制，打造一体化城市空间。

在空间利益方面，通过将政治、法律、经济、文化等多学科相结合，突出层析性；从公共利益、邻里之间的利益关系、相邻地块之间的利益关系层次出发，发挥市政基础设施项目边缘空间相对于单一的核心空间能更高效的空间资源价值。

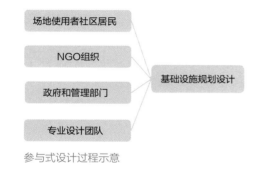

场地使用者社区居民

NGO组织

政府和管理部门 → 基础设施规划设计

专业设计团队

参与式设计过程示意

L2

资源集约

L2-1

自然条件充分利用

> 市政基础设施要与当地山水林田湖草等自然肌理相融合；选址和布置要顺应地势变化，通过景观园林工程措施和手段，充分利用和顺应地形地貌的正向条件，积极地优化改造不利条件，把市政基础设施对自然条件的影响降到最低；通过与自然条件相融合，打造多元、丰富、契合的内外部绿色空间形态。

L2-1-1 适应当地气候

充分了解地域气候特征，包括温度、降雨、盛行风向、潮汐水位等，结合城市总体布局，因地制宜地设置城市基础设施和景观空间，通过气候适应性设计延长基础设施的使用寿命。对场地现状及周边气候环境进行调研，包含气候条件、空气质量、污染源等要素。

严寒及寒冷地区的工程建设，景观总体布置应注意防寒防风。在冬季主导风向，宜结合地形布置层级式密林，可适当设置景观构筑物进行遮挡，防止活动区域风速过高。景观微地形高度宜大于2m，选择常绿阔叶混交林的方式。

冬冷夏热地区，宜考虑冬夏两季人的体感，景观总体布置应注意夏季通风、遮阳和冬季防风防寒。宜在休闲和停留场所设置林下空间，减少过大的硬质铺地面积，将硬景与软景相结合，减少阳光暴晒反射光，降低温度。冬季应避风向阳，空间节点设置应避免设置于风口处。

热带地区的工程建设，景观总体布置应注意遮阳通风降温,尽量减少太阳辐射的影响。宜设置遮阳亭、廊等遮阳避雨设施,提升室外环境舒适度,遮阳植物应选择冠大荫浓的植物树种。

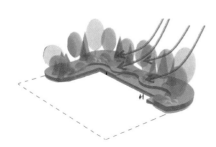

种植与盛行风向的关系

L2-1-2 融入周边环境

从尊重自然本身出发选择适宜的基础设施建设场地,避开基础交叉不宜建设的区域,充分利用适宜开发的自然资源。基础设施项目建设应与自然风貌协调,避免对自然环境的破坏。

市政工程建设和景观配套布局应尽可能地保护自然环境、顺应整体环境,实现人与场所、人与自然的和谐共生。

场地条件为山地丘陵等地貌特征时,景观布局应顺应现状地形,避免"大堆大填",力求土方平衡,减少土石方工程量,避免粗暴地破坏原有地貌。建(构)筑物、园路广场、地形塑造应顺应现状高程和地势,因山就势,避免场地肌理跨越等高线的情况出现,减少对环境的扰动,也减少不必要的工程投资的浪费。

场地条件多为水系时(如江河、湖泊、田塘、湿地),尤其要注重对水资源和水系统的保护。水系统对于生物多样性、生境起到至关重要的作用,应保护和利用现状水系、湿地、坑塘等。

园路及场地宜环水布置,尽量减少侵占水体的人工设施,不做不必要的填湖造地工程。对于被污染的水体,设置湿地系统,净化水质,恢复水体自然生境。

场地条件为棕地时,除进行常规工程建设外,宜增设表土置换、抗性植物净化等生态修复手段,修复退化的土地,使场地自然演替能力得到提升和恢复。

场地为历史遗迹时,宜保留与利用原有的历史遗迹资源,如建(构)筑物、道路、植被资源等,结合历史文脉资源进行规划建设,深入挖掘当地文化,营建具有科普教育意义及延续历史记忆的景观。

L2-1-3 顺应生态廊道

工程的总体布局应尽可能地保证生态廊道的连通性,提升生态斑块之间的连接度,改善景观的破碎化程度。

宜结合生态廊道设置复合型服务功能:如绿道、碧道、慢行系统、驿站等功能设施,围绕生态廊道营造开放性互动空间。

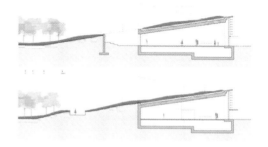

示例:龙湖超低能耗建筑主题馆

L2-1-4 构建迁徙通道

构建城市生态绿色网络,把区域绿地、公园绿地和绿廊水道等点线面结合起来,将为珍稀植物保护和野生动物的迁徙、栖息及保护提供有力保障。生物迁徙通道主要针对野生动物活动过程中的公路、铁路、水渠等大型人为工程设施所设置,有路上式、路下式、涉水涵洞和高架桥等形式。

迁徙通道的设置原则如下:

(1)数量应尽量多于一条;

(2)植被或栖息地应由乡土物种组成;

(3)基质必须保持多样性;

(4)基质必须与自然景观格局相适应;

(5)应是自然或原有自然廊道的恢复;

(6)必须具有足够的宽度。

在相互隔离的栖息地之间建立迁徙通道,维持景观的完整性是物种保护的一个重要内容,而利用核心栖息地之间的线状野生动物分布斑块来规划并建立生物廊道是最佳的选择之一。

在高速公路建设中，应对高速公路进行长期的监测和影响评价，以便研究和阐述当地动物种群、影响程度、减轻影响的措施及实施手段等。

L2-2
本土材料优先利用

从石材、玻璃、钢材、混凝土、塑料、木材等传统硬质材料到各种植物材料，都是景观建设的基本要素；通过在特定环境和空间中设置不同材料的色彩、形状和纹理组合，反映景观设计的文化内涵。将本土材料最大化地利用，是可持续发展和绿色市政营造的必然。

L2-2-1 选用乡土硬质材料

乡土材料是指在当地生产、生活过程中用于建筑、景观表现的材料。乡土材料作为一种实体景观元素，是指具有地域特色的物质实体元素，如地方性建筑、工具、工艺品等，直接用于景观表达而不需要进行二次加工。

在景观设计中广泛使用地方性材料，不仅可以降低建设成本，节约资金，而且还能突出个性和地域特色。运用现代景观设计技术重构地方建筑材料的内涵，既突出时代感，又不失地域文化特色，是景观建设的一种重要创新方式。

市政基础设施建设项目若位于远离城区且盛产山石如乡村、山地、丘陵、湿地等自然优势突出的区域，可选择石笼的形式，营造石笼墙景观，不仅能够突出乡土文化特色，而且具有明显的时代感和设计感。

石笼墙的运用

L2-2-2 择优选用乡土植物

种植应以乡土植物、先锋植物及适应当地气候和土壤条件或者经多代驯化成熟的归化物种为主。乡土植物具有较强的生存适应性，具有运输成本低、易养护、更换方便等特点，确保成活率的同时还能明显节约建设成本。

在种植配置中需要合理搭配慢生树种与速生树种，加强生态系统的稳定性和自身更新发展能力，恢复和优化被工程破坏的场地生境，多选用低成本养护的植物，减少后期运维成本。

选用当地乡土植物等软质景观材料，能更好地反映当地的景观特征和地域文化的表达。乡土植物作为特色景观营造中的要素，具有非常独特的魅力，乡土植物使特色景观更具生命力。

L2-2-3 鼓励融入海绵建设

在市政基础设施的总体空间布局中，设置透水铺装、生态植草沟、下凹式绿地、净化塘等海绵城市技术设施，进行源头雨水利用与径流减量，可促进水资源的节约与循环利用。

合理利用透水铺装，渗排结合，蓄存雨水，采用多孔隙透水铺装，使雨水快速下渗，达到控制地表径流、补充地下水的目的。对多雨地区和地下水位较高地区的项目，应注重渗排结合。

合理设置生态植草沟，作为雨水的传输和下渗途径，减缓径流速度、净化和渗透雨水。需注意耐水湿植物的选择和搭配，力求达到排水、净水的要求，同时兼具美观性。在汇水面积较大时，可将植草沟与硬质雨水设施相结合，避免植草沟截面积过大，过多占用用地，且影响美观。

合理设置下凹式绿地和净化塘，结合合理的植物配置，实现雨水的滞留、调蓄、净化，补充地下水，尤其在北方的工程项目中，若条件允许可多设置下凹式绿地及雨水花园，发挥其调蓄功能，同时兼具景观效果。

鼓励融入海绵城市建设理念

L2-3

工程材料循环利用

> 发展需要越来越多的资源，由于自然资源有限性，未来要保证高品质的材料供应会越来越难；如何使现有资源得到合理利用，已成为各国争相研究解决的课题；为了节约资源，需要尽可能考虑环境方面的问题和变废为宝的方法，例如，越来越多的国家着手再生骨料配制再生混凝土的研究与实践。

L2-3-1 减用不可再生材料

传统不可再生材料，如天然石材等，从施工到后期运行维护管理阶段，都会在一定程度上造成材料及能源的消耗。因此，若市政项目条件允许，在基础设施材料及景观设施材料的选择上，应尽量减少该类材料的应用，营造健康、生态的环境氛围。

L2-3-2 酌情增用再生材料

可再生材料是指通过自然生命周期或注入新能源后可以再生的材料。可再生材料可以分为三类：可循环利用的材料（如玻璃、钢铁等），可替代的材料（如竹、木、藤等）和可塑性现材料（如生物基材料、生物塑料等）。利用上述材料，作为城市景观营造的主要装饰材料，既打造出丰富的具有特色的城市景观效果，也体现了节约、环保的理念。基于可再生材料的设计，可充分发挥、利用材料的自身价值，节约资源，保护环境，也方便施工和后期维护。

L2-3-3 应构建双循环系统

市政基础设施在建设过程中，必然会产生废弃材料，甚至一些建筑垃圾。有关人员在对这些垃圾进行处理时，往往采取简单随意的态度，没有作到科学、合理地处置，这不仅在一定程度上造成环境污染，影响环境美观，还会造成资源的浪费。市政基础设施建设过程的废弃物处置不合理，属于非低碳现象的突出表现。

在对废弃建筑材料、砖土渣、污水、杂草等垃圾进行处理时，应先分类，再将可回收利用的废弃物通过一定设备设施，使其循环再利用，或者利用湿地净化城市污水处理厂出水，将城市生活垃圾资源化作为园林肥料等。

废弃材料可用作建筑立面、景观小品中。可利用竹、木等低碳排的生态材料，结合废弃钢材、铁板等进行设计。也可以利用工业废弃设施进行城市景观风貌提升，节约资源，打造别具一格的城市风貌。从低碳与可再生利用的角度考量建筑及市政基础设施项目材料再生利用。

通过对废弃物的筛选，运用艺术的手段使废弃物具有审美的功能，如废旧的板凳、座凳可拆卸下来再塑，变成美观实用的休息椅。水泥管、抛石等，可结合绿化草坪塑造为张力十足的雕塑小品。

日常绿化养护运维过程所产生的树枝、落叶、树皮、草等材料，应在项目规划设计阶段纳入统一考量，在项目中设置回收垃圾二次处理和运用的功能性布置。园林绿化垃圾应集中收集、存储，采用粉碎机进行粉碎，一部分可以用来堆肥，变成有机肥料再次用到绿化中，用来增强土地肥力，改善土壤结构，另一部分作为园区能源的来源，达到物质、能源在项目中进行"内循环"的效果。

再生混凝土材料制作的座椅

L3
人文共融

L3-1
保障设施功能属性

> 绿色市政基础设施的景观处理要以保证其特有的使用功能与使用安全为首要目标；公共设施的设计需结合艺术及生态的设计手法，提升各项市政基础设施及附属空间的整体形象；拓展其附属的景观及生态功能，使景观生态功能与城市的各项基础设施及周边环境达到和谐共生。

L3-1-1 突出设施功能属性

市政基础设施的景观设计应保障其特有的功能性和安全性。注重工艺、设备及市政基础设施本身的特有属性，在实现供给与效率均衡的过程中，要以完善基础设施建设、提升基础设施服务功能为主要目标，要避免单纯地追求不切实际的景观效果和过高品质，造成过高的成本支出。要兼顾城市发展的基础与实际，让市政基础设施最大限度地发挥其自身特有的功能，同时使市政基础设施建设既符合城市经济社会发展水平，又能提升城市品位、提高居民生活品质。

L3-1-2 体现复合属性文化

各项市政基础设施在满足功能性和安全性的基础上，进而展现工艺美。将市政基础设施附属空间景观化，并将生态化设计的思想融入市政基础设施的整个生命周期，使"人-公共设施-环境"三者互相关联、相互融合，使其和谐地融入自然与场地中，建立自然

与城市之间的有效联系，使景观生态与市政基础设施共生共存。

将艺术性、生态性、文化性与市政基础设施融合，拓展基础设施的复合功能，使基础设施与城市及自然生态环境共生互联，共同创造一个多元共融的共享城市空间，推动可持续发展。

市政基础设施多属性复合

L3-1-3 展现要素整体融合

功能因素是形成基础设施景观空间的必要条件，而人文因素是形成基础设施景观空间的充分条件。城市建设中，不同市政基础设施的景观空间设计不仅要展现其特有功能属性，来满足基础设施使用功能的需要，也要将历史、文化、传统、自然风貌特征等多种要素通过艺术性的处理手法，实现其多种复合属性文化的融合，更要充分考虑城市中的主角——人的使用功能和感受，三者和谐配合，渗透到城市基础设施设计的每一个细节中，使市政基础设施空间具有明显的文化特征和浓厚的文化氛围，让人在其中得到愉悦、舒适、科普、教育和享受。

市政基础设施整体融合

L3-2
突出地域文化特征

市政基础设施空间的景观设计要在全局规划的前提下，从城市总体格局出发，尊重城市的历史、文化、传统习俗和自然风貌，结合多重特色元素的运用方式与景观设计的表现手法，来凸显城市的文化特色和文化内涵，延续传承城市文脉，使区域的人文核心思想得以传承和发扬。

L3-2-1 立足本土系统规划

1. 立足全局，塑造城市特色

市政基础设施建设是城市形象的载体，要建立全局规划的思路，通过确定城市发展定位、诠释城市形象、深入挖掘地域独有的文化特色来保持和提高城市多种景观的独特性。

从城市总体格局的打造、肌理的梳理、形象的营造和建设使用的效果等方面，来协调自然生态景观与人文景观的关系，使其既能兼顾环境优化功能和生态可持续功能，又能保持文化景观特色，塑造特色景观风貌，打造具有可识别性的景观功能空间。

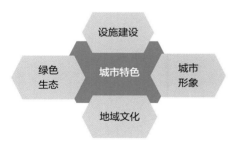

多层营造城市特色

2. 尊重文化，延续传承文脉

城市文脉是城市发展的独特资源，是不同地域民族文化的载体。在城市建设中，不同市政基础设施的文化属性不仅要与其基础设施的土建、设备、工艺等方面综合考虑，也要使当地特有文脉的核心得到传承。要将宣传性、合理性、可持续利用性融入其中，将城市文化核心的展现与基础设施的建设在城市的发展中得到共融，使不同基础设施的特有属性成为反映城市文化与精神内涵的载体，使属地文脉得到延续和传承。

L3-2-2 彰显当地文化元素

每个城市都有其独特的人文历史风貌，公共景观所在区域亦有其独特的场地记忆及地形地貌，将历史文化有机地融入城市建设之中，结合所在区域的空间结构及场地要素，才能打造出具有独特性和唯一性，并能反映城市特质与周边环境和谐共生的优秀城市空间。

市政基础设施内部的公共服务设施、景观特色小品、绿化场地、标志标识等在设计方面可采取提炼、抽取、演变等手法，巧妙地将地域文化元素运用在市政基础设施景观空间的设计里，以艺术化、形象化、视觉化的语汇表达呈现，用技术与艺术相结合的方式对当地文化的各要素进行合理的融合表达。

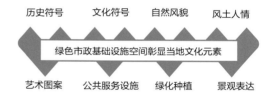

文化元素的多方面应用

从当地历史符号、文化符号、自然风貌、风土人情等展现形态中获取灵感，并使其在绿化种植、铺装材质和图案、公共服务设施、景观小品中得到体现，使市政基础设施与其附属的景观空间能够达到多方位、多层次的渗透融合。通过景观空间内各种景观设施与文化元素符号的结合，展现城市独特的自然、历史和文化风貌，将市政基础设施建设与地域文化融为一体，使地域文化的核心以标识的形态得以展示。用增强地域景观特色与文化特色的表达方法，获得地域认同感。

文化元素包含图腾祥瑞、思想教育、音乐戏曲、书画剪纸、服装穿戴、生活、医药、武术、建筑、信仰、礼仪等。如何将这些文化元素与景观元素相结合，是景观表达的重点。

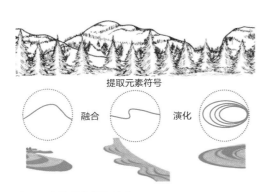

文化元素符号的提取演化

1. 传统设计手法的应用

采用框景、障景、抑景、借景、对景、漏景、夹景、添景等传统设计手法，运用现代景观元素，营造出丰富多变的景观空间。

2. 传统色彩的应用

景观的色彩是景观表达定位的首要元素。不同地域文化中的传统颜色代表了不同城市和区域的人文历史风貌，因此将色彩与景观空间融合，可给人以丰富视觉冲击和不同的情绪体验。

3. 传统符号的应用

传统文化符号多种多样，含义各不相同，景观设计中需深入了解当地特色文化符号内涵，将其进行抽象或简化等艺术处理后，作为设计元素，结合丰富的表现形式，来表达丰富的文化内涵。

4. 传统材质及工艺

传统的材质多为因地制宜，就地取材，因此，其本身就具有地域特点。传统园林材料的低碳环保也可以保证景观环境的生态性。而传统的加工及施工工艺则更凸显不同地域历史文化的延续。传统的材料及工艺与现代的景观元素相结合，使人能够感受到传统文化的历史之美，同时营造出兼具地域文化内涵和时代气息的优质文化景观。

L3-2-3 弘扬人文核心理念

不同地域的景观设计要对不同地域的社会历史、传统文化及社会发展全过程进行全面的深入了解。将人文与技巧、成果、精神三个方面的核心进行提取，将地域文化的核心思想与市政基础设施建设的各项特

有属性相结合，使其既能满足各项基础设施的功能属性要求，又能体现人文精神风貌，宣传地域人文核心精神，达到"形""神"兼备的效果；使其能够弘扬正确的人生观、价值观与世界观，提升城市人文精神价值，使区域的人文核心思想得以传承和发扬。

人文景观多功能体现

L3-3

突出设施安全友好

市政基础设施的景观设计首先要以实现辅助及保障市政基础设施的安全性和稳定性为前提，结合科学创新、开放共享、生态和谐的设计理念，利用合理的设计尺度、设计手法和表达方式，使市政基础设施空间得到安全防护和功能保障，并达到设施、景观与人的和谐共融。

L3-3-1 景观设施安全防护

市政基础设施是多领域的发展与融合，多专业、多层次、相互联接的网络结构，为城市发展提供全面的系统服务。不仅能够缓解城市洪涝灾害、恢复城市生境、提高生活质量，还起到了维系社会运行和对应自然风险的骨架功能。

在进行景观设计前，需对市政基础设施项目的特有属性进行全方位的掌握和充分的思考，对可能产生的不安全因素及不友好感受进行总结分析，利用适宜的景观处理手法，在保证功能及安全的前提下，消除不安全因素，减少不友好感受。景观设施要与不同功

能的市政基础设施相互协调，在保障使用功能、设施安全和环境安全的前提下，使城市能够通过其多种附属景观设施吸收和缓冲一定程度的自然及社会压力，提升居民生活的安全感和满足感，提高城市安全韧性。

基础设施功能与景观表达的结合

L3-3-2 景观设施和谐友好

1. 设施景观与城市景观协调

市政基础设施作为拓展城市景观空间的载体，要注重将设施的对外共享空间转化为新的公共生活界面，提升空间品质，开拓更多的公共空间功能。依托设施网络，实现单个项目和城市之间的网络联接，使灰色市政不再灰色干冷。

将市政空间与现有各项资源合理利用，实现空间的集约共享。通过生态景观设施的融合，丰富城市空间布局与形态，拉近人与人的距离，使生硬的市政空间的组织结构恢复弹性。将自然环境与人性化相结合，给予人们归属感，使其社会效益通过协调人与自然、人与基础设施的关系得到最大的发挥，创造可持续的优质生存空间。

2. 设施景观以人为本

市政基础设施在满足其功能要求的同时，逐渐成为一种寄托精神与情感的媒介，必须依托城市的各项市政基础设施建设与其相关空间的多维度变化来转换和实现。城市中的各种公共空间为人们传递着多种多样的生活信息，支持着城市中各类人群的活动。

人性化景观的表达是多层次的，主要反映在其文化景观设施的使用功能和展现形态上。其内部空间需

注重市政基础设施使用者及管理者在工作和生活中的便利性、舒适性，使不同的使用者、参与者在不同的市政空间内能得到情感的释放和精神的寄托。如通过丰富景观空间色彩、增加景观设施趣味性和拓展休闲活动空间功能来满足使用者和参与者的内在精神需求。

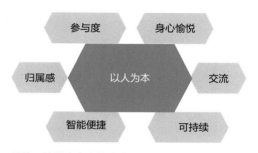

设施环境以人为本的表达

L3-3-3 设施文化功能更新

不同属性基础设施的景观设计需将合理性、可持续性、可利用性、前瞻性、可恢复性及自然资源的可补充性作为长期的建设目标。结合新理念、新功能、新需求，运用新生产技术、新科技手段和新型材料使城市各项基础设施建设更加标准化、精细化、科学化、品质化、人性化。

通过城市中具有不同功能属性的基础设施与文化元素共融，结合城市发展的节奏及程度，营造富有弹性的品质化空间环境，使属地文化的思想、价值和内涵得到体现和延伸，使不同属性的公共空间能有更新的途径并焕发新生机。

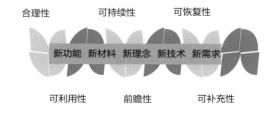

设施文化功能更新

L4

景观链接

L4-1

公共景观链接服务

> 公共景观场地设置不仅为了满足人们日益增长的精神文明需求，更是解决城市快速发展中产生的人与自然间相互割裂的一种重要途径；鉴于其共享的服务属性，相应建设应从前期规划、全民全时共享、人本服务、文化融入及植物搭配等角度综合考虑，创造出景色如画、环境舒适、健康文明的游憩场所。

L4-1-1 规划前瞻服务市政

随着城市的快速发展，建成区公共景观用地稀缺性日益彰显，同时，此类用地在总体规划设计中往往承担自然基底与人类活动之间的链接作用，规划设计时应尽可能考虑与周边用地功能和社会需求的相应衔接，满足上位规划要求的同时将公共景观用地的游憩功能与交通、水利、服务建筑、生活设施等市政设施统筹考虑，充分利用场地高差及地下空间，辅助解决相应户外活动、防灾避险、停车等功能，满足并有效延展市政设施的使用场景；使景观有机融入市政设施及周边环境，创造尺度宜人、功能完善、生态可持续的城市开放空间。

L4-1-2 全民参与全时共享

公共景观应充分调研所在区域居民、社区等使用对象的需求及愿景，尊重民风、民俗，从整体形态立意、文化表达等多角度、全方位体现景观适用全民的开放共享属性，同时对接不同时段、不同季节、不同使用人群及重要时间节点的使用特点，从使用安全、夜

景营造等多方面打造共建共享、自然和谐的全时空间体验。

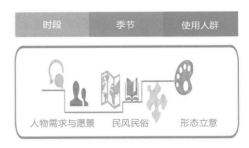

人群时间分析

L4-1-3 人性关怀凸显服务

各类公共景观作为城市中人们户外交流沟通的主要场所，规划建设应当重点考虑不同适用人群的差异化使用需求，在无障碍、设施安全、植物配置等多方面强化以人为本的基本建设理念，保持景观的便捷进入、使用安全、遮风避雨等功能的完备性。

人性关怀理念

L4-1-4 植物景观季相特征

无论何种类型的景观，绿化都是所占比例较大、不可或缺的关键组成部分。在考虑植物生态群落和空间关系的同时，重点强调植物的季相变化及合适的常绿落叶比，结合"色彩变化、光影关系、群落搭配、嗅觉触感"等多方面要素进行搭配，形成景观中以植物景观为主的特色体验空间；可结合区域气候特征，在核心区域片植观花、观叶、芳香等类型植物，打造特色景观，使人们徜徉其中享受"春华秋实、夏蕴冬藏"的大自然四时之景。

色彩变化　　　　　光影变化

春华秋实　　　　　夏蕴冬藏

季相特征示意图

L4-1-5 风景廊道缝合城市

尊重生态基底，充分利用现状自然肌理的开放空间边缘（水系边缘、农田边缘、林地边缘等），通过绿道有机连接分散的生态斑块，强化生态连通，构建连通各类市政景观与城乡生态基底的网络体系。在城市建设（尤其是城市有机更新）过程中，结合公园、河道、防护等各种绿地类型，将各类用地以风景廊道形式贯通，强化其与周边建设用地间的联系，重点考虑向居民提供步行、自行车骑行的道路系统功能及生物迁徙廊道功能，无缝连接其他绿地类型，形成城市绿色脉络，促进城市生态可持续发展。

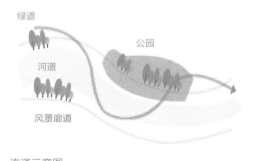

绿道

公园

河道

风景廊道

连通示意图

L4-2

防护景观链接安全

防护景观的建设，除了直接遮挡带来的物理性作用外，还有植物的生物学特性及其所带来的生态作用、生理病理性作用及美化作用；相应规划设计应按照所防护市政基础设施的不同类型，从减少危害、完善生态及植物选材等方面，提出有针对性的防护策略，减弱人工设施对自然的不利影响，确保生态安全。

L4-2-1 回归自然减少危害

防护绿地相对独立，其主要功能是对有污染可能的厂区、铁路公路、高压走廊等区域进行绿化隔离，具有卫生、隔离、安全、生态防护等主要功能，特点是一般游人不易进入。因此，在满足基本防护功能的同时需更多地考虑植物的近自然搭配方式，考量植物生长的全生命周期，形成能够自我繁衍的低维护、近自然生态群落。

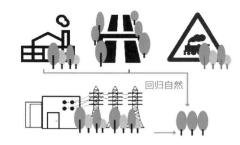

回归自然

防护景观功能

L4-2-2 见缝插绿完善生态

厂区、铁路、公路、高压走廊等基础设施本体的规划建设中应尽可能考虑见缝插绿，建设生态园区。由于分属不同管理部门，市政基础设施与城市周边环境间出现间隙。因此，此类绿地规划建设时，除考虑红线范围内的绿化外，应注重其整体风貌与外部环境的融合衔接。

L4-2-3 守护红线筑牢底线

城市防护绿地在城市建设中有非常重要的消灾避害、美化环境等功能；相应规范也明确了对于不同防护类型的用地要求，如城市干道两侧各不小于2~10m、公路两侧5~20m、铁路沿线两侧各不小于20m、高压线走廊安全隔离宽度24~50m、水源涵养区域两侧各100m等，项目谋划初期应当按照防护对象预留相应用地，并从土地政策、建设资金方面予以保障，从而在实施过程中有效落实防护绿地的功能需求，筑牢生态环境安全底线。

绿地衔接示意图图片

L4-2-4 护坡景观分类应对

按照《建筑边坡工程技术规范》GB 50330—2013内的相应规定，护坡景观应当按照其边坡类型采取不同应对措施。如坡率缓于1：1.50的边坡应采用迅速生长，且根深枝密的低矮灌木类进行绿化；土质边坡、土夹石边坡、严重风化岩石的坡率缓于1：0.50的挖方和填方边坡应采用湿法喷播；风化岩石、土壤较少的软质岩石、养分较少的土壤、硬质土壤，植物立地条件差的高大陡坡面和受侵蚀显著的坡面宜采用客土喷播，当坡率陡于1：1.00时，宜设置挂网或混凝土格构；骨架植物防护适用于边坡坡率缓于1：0.75土质和全风化的岩石边坡防护与绿化，当坡面受雨水冲刷严重或潮湿时，坡度应缓于1：1.00等。在满足相应规范及护坡安全的前提下，可采用季相变化丰富、形态多样的植物品种打造特色护坡景观。

L4-2-5 植物选材因地施策

由于防护绿地的特殊属性，相应植物搭配选材应因地施策，分析需防护的基本类型（如视线、噪声、粉尘、废气等）并有针对性地提出植物品种搭配策略；如工厂周边选用抗污染功能性植物，高速、铁路周边考虑视线遮挡及选用对粉尘吸附力强的植被等。

L4-3

场地景观链接和谐

场地景观用地往往是一个城市中最具话题的场所，具有鲜明的地域特征，规划建设不但要考虑其形态、立意的合理性，更要研究相应场地所处地理位置的本源特征以及其与周边设施的互为和谐；同时，时代特征、社会热点等人文要素的融入会使场地景观地域性及唯一性更为凸现。

L4-3-1 尊重本源和谐共生

作为以游憩、纪念、集会和避险功能为主的城市公共活动场地，各种场地周边景观是城市户外人群聚集活动的重要场所，通过对周边区域商业、居住、行政等用地性质的综合分析，结合所在地文化元素的挖掘，赋予场地景观本源文化特质和时代气息，打造特色体验空间。

L4-3-2 适时适地场景营造

场地景观具备与生俱来的引流特质，不可避免会成为城市户外活动焦点，在满足基本使用功能的同时，可结合场地山水实景利用多媒体界面、喷泉等载体融合声、光、电等科技手法创造空间与人的有机互动，展示城市前沿科技发展，创造时代热点话题。

文化元素分析

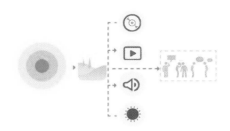

场地引流载体细分

L4-3-3 形意结合丰富体验

地处城市核心区域（如政务、商业、大型居住区等）的场地景观，在考虑其整体布局及形态时，应重点考虑与周边用地及其使用功能的融合，结合景观视线及商业建筑立面、半地下、地下空间、车库出入口等对场地地形进行针对性的细化处理，形成多层次、立体化、功能齐备的场地空间，将景观、商业及其他市政功能有机融合，打造功能丰富、形意合一的场所体验。

商业建筑屋面

半地下空间

地下空间

设计位置示意图

L4-4

附属景观链接融合

> 附属景观主要依托于居住、公共设施、工业、仓储、广场、市政设施等用地，其脉络状形态将各类用地有机链接，组成相应景观体系；除本体形态之外，更多地承载了与建筑、市政、交通等城市功能的相互融合；规划建设应统筹各种城市功能要素，将人类活动产生的人与自然间的裂纹有机缝补。

L4-4-1 统筹兼顾响应需求

不同类型的市政设施相对应的附属绿地需承载多样的使用功能，综合考虑区域的功能需求，将绿地的建设与慢行、过街、桥下同行、停车等使用功能有机结合，预留与周边区域对接通道，形成城市绿色框架；同时，附属绿地中的游憩设施应与周边公园、景区、河道等绿地设施无缝链接，应完善区域慢行系统，将绿地系统与停车场、公厕、驿站等有效链接，形成市政、景观、绿化多位一体的功能体系。

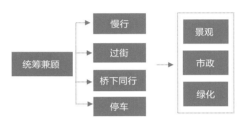

附属绿地功能

L4-4-2 慢行系统无缝衔接

慢行系统是城市化进程快速推进、城市交通拥堵加剧、人口密度剧增等问题凸显情况下城市建设和改造的必然趋势，是发展绿色交通、促进人与人之间互动与沟通的重要途径。

在我国快速城镇化的背景下，慢行交通系统的规划建设显得相对滞后，设计中应优先考虑保护慢行、鼓励"慢行+公交"的出行模式，使之成为城市交通可持续发展的重要路径。

出行模式

L4-4-3 生物廊道完善生境

服务于人类居住、生活的相应市政设施建设时不可避免会对自然生境产生不同程度的破坏，因此而导致的生境破碎化影响了野生动植物的扩散与迁徙，导致物种数量减少甚至灭绝的概率增加。因此，在相应野生动植物活动路径中的公路、铁路、水渠等大型人为建筑以及自然保护区或生态高度敏感区域规划建设中应适当考虑生物廊道。可采用路上式、路下式、涉水涵洞和高架桥等形式，减少对廊道内动植物沿廊道迁徙影响，达到连接生境、防止种群隔离和保护生物多样性的多重目的。

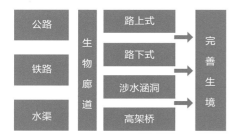

生物廊道形式

L4-4-4 线面结合缝补裂纹

城市区域的发展有先后次序，必然造成后期阶段性的碎片化。线是将各个区域串联起来的绿带、道路，水系等；面是大面积的绿化区域，水域等。线面结合，通过线面结合的设计能缓冲人与高密度城市空间的相互割裂，让区域有效连接，缝补城市裂纹；而城市新建区在前期规划中对于绿地、绿脉系统的统一规划则可有效避免后续城市建设的碎片化，减少重复投资和资源浪费。

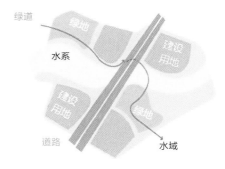

线面结合示意图

SS

SS1-SS4

智慧方案

SMART SCHEME

SS1

系统架构

SS1-1

布置泛在的感知层

> 智慧方案系统的感知层为智慧方案的基础层，利用物联网技术实现建设运维管理系统与底层设备之间的信息交换和设备自动化控制；在市政基础设施各应用场景中应布置实时在线的感知设备，形成系统的"神经元"，实现动态捕捉，并传输场景数据、感知环境变化、采集设备数据等功能。

SS1-1-1 实时感知环境事件与变化

智慧方案系统感知层应具备实时感知环境变化与事件发生的能力，负责各种数据的采集工作，是智慧管控系统与现实环境交互的媒介。为实现市政基础设施全要素、全生命周期的数据感知，感知层应具备泛在性和实时性两大特征。

布置感知设备宜遵循两个原则：一是要广泛，采集水务、交通、热力、燃气、桥梁、隧道、管廊、公园等各市政基础设施的运行数据；二是要实时、即时

地感知与传输，实现由设备到系统、由系统到设备的双向传输。

要根据智慧方案系统功能需求选择感知层的设备，包括传感器终端、执行器终端、图像捕捉装置、RFID读写器等物联感知设备。

SS1-1-2 量化转译采集对象的属性

应注重感知层采集对象的选取，采集对象宜涵盖所有关键指标，包括电气设备的电压、电流、能耗，市政设施设备的定位与运行状态，气象环境的温湿度、气压和雨量，生态系统中土壤酸碱度、水体污染物的种类与浓度、空气质量指数等。

应重视感知层采集方法的选择，包括但不限于通过生物传感器监测水、土、气环境中各种生物元素，通过电磁感应器监测建筑能耗，通过光学传感器捕捉影像数据。通过采集器将现实世界各类信息的物理量转化为计算机可识别的电信号，再经系统终端传输到数据层，实现感知数据的采集与传输。

SS1-1-3 整合兼容原有的控制系统

智慧方案系统感知层应避免底层设备控制系统的重复建设，在充分调查并评估原有控制系统的运行情况和数据质量后，尽可能地基于其进行数据采集接口设计，可在一定范围内更新原有控制系统、补充底层设备，以满足进一步的信息交换需求。

在与众多控制系统交互的数据接口方面，应分协议类别（如MODBUS、TCP/IP等）、分使用场景（如水务、交通等）建立相应的技术标准或技术导则。

智慧市政感知系统组成

智慧市政感知对象

电视	网络	平台应用
RFID　　　　电视	GSM/3G/4G/5G	物流管理　　　视频监控
手机　　　　计算机	PSTN/ISDN ONT　　　接入交换机	健康监测　　　目录服务
车载　　　　摄像头	WLAN/WSN IoT 网关	IoT 业务平台　　ICT 管理
湿度传感器　温度传感器	工业以太网 工业交换机	空间信息管理　　OOS

SS1-2
打通全要素数据层

　　智慧方案的数据层作为沟通系统感知层与应用层的桥梁，主要负责数据的汇聚、处理、存储及查询访问。为满足市政基础设施全要素、全生命周期管理的需求，数据层应承载城市级的海量数据，且满足数据的秒级响应。

SS1-2-1 构建数据业务支撑中台

　　数据中台是将数据持续利用，通过中台提供的工具、方法和运行机制，把数据变成一种服务能力，让数据更方便地被业务使用。数据中台应屏蔽底层存储的计算技术复杂性，降低对技术人员人才的需求，使数据使用成本更低。通过数据汇聚、数据开发建立企业数据资产。通过资产管理与治理、数据服务，把数据资产转变为数据服务能力，服务于各种业务。

SS1-2-2 高效采集分散异构数据

　　数据汇聚宜涵盖多源异构数据的收集、传输等功能，支持基于业务规则数据的正确性验证，支持对汇集数据进行必要的管理，以保证汇聚的各种动态信息的准确性。进行该层数据对接时，应重点考虑三类数据：一是物理数据，指直接对接系统感知层获取的设备实时采集数据；二是其他平台的数据，指通过API等规范的接口方式调取其他平台上的各类数据，例如三维城市模型数据；三是端上数据，指通过对接系统应用层获得的客户端或服务器端产生的数据。

SS1-2-3 优化数据存储处理及性能

　　数据处理是后期进行系统工程建设与挖掘数据价值的重要环节。在满足系统预先设定的数据应用标准基础上，对采集的数据进行抽取、转换、清洗等操作，同时确保数据的真实性、准确性及安全性。数据存储限制了数据分析的广度和深度，应根据数据规模、生产方式、应用方式选择合适的存储组合。随着数据量级的不断增长，中心数据库应对查询、数据转移等方面的功能进行适当优化，以保证高效执行数据的各种操作。同时，中心数据库建设应遵循"四个统一"原则，对数据标准化、数据入库、数据操作和安全保障提供集中式管理。

SS1-2-4 建立数据访问与共享机制

数据访问是系统应用层链接到中心数据库的一种行为，在搭建数据层的过程中，对于此项技术应着重考虑三点要素：一是需要将数据持久化到物理存储中，并为外界提供CRUD操作；二是能够接受并处理所有数据的相关请求，满足事务性需求；三是具备强大的数据处理能力，以合理应对大量信号的同时并发和处置。

面对大级别数据的高维稀疏特性，应构建能支撑多环境、多集群、多形态模型服务能力的核心算法开发工具。外部可通过SDK、API等多种方式访问数据层，实现数据共享和交换，打破系统在不同应用场景下的"数据孤岛"现象。

SS1-3

拓展专业的应用层

> 应用层构建之前应建立数据层，并以数据层为基础系统构建应用层，形成系统对外服务的窗口，发挥数据层价值；专业应用层应围绕专业领域，在确保各应用场景基本适用范围的同时，发掘应用深度和系统数据的潜在价值。

SS1-3-1 提升专业服务能力

智慧方案应面向社会治理、惠民服务、生态宜居、产业经济等领域，利用云计算、大数据、人工智能等前沿技术或创新概念，解决城市面临的各类问题，优化资源配置，提升各行业管理和服务的智慧化水平，是智慧城市产业图谱中真正意义上面向政府、企业以及个人实现交付的产业环节。

智慧市政专业应用场景示例

智慧方案应用层根据使用场景可以划分为智慧水务、智慧交通、智慧热力、智慧燃气等。应用层的服务系统，宜包括巡检管理、资产管理、权限管理、角色管理、用户管理、日志管理、系统监控、系统设置等功能模块。智慧方案系统因其专业特色，在GIS、BIM方面有大量应用需求，对应的GIS功能模块和模型应用模块必不可少。各类专业数据的汇聚，衍生出了数据查询与可视化、分析与模拟仿真等功能需求。

SS1-3-2 发展市政领域数字经济

在建设智慧方案专业应用平台基础上，进一步搭建项目协同管控平台和CIM级项目全生命周期管控平台，共建市政领域产业一体化生态。

首先，集成市政领域资源管理平台、智能建造管控平台、智能监测设施及管控平台等市政领域专业化平台，构建市政领域业务数字化场景，提升业务资源整合、计划管控和专业管理能力，建设市政领域产业数字资产。

其次，构建市政领域产业互联网平台，建设市政领域产业"一张图"，形成技术研发、产业支撑、建设运营、服务应用各环节协同的市政领域产业生态体系，助力市政领域产业数字化，创新数字经济盈利模式，发展市政领域新经济。

SS1-3-3 创新专业数据应用领域

应用层宜汇聚市政行业的各种数据，设计时应从宏观上统筹城市建设、城市管理、应急指挥、自然资源等场景，全面整合各独立、分散的系统数据，打破信息孤岛，对数据进行全方位融合；并按空间、时间、属性等信息对历史数据进行对比分析，进行数据建模与深度学习，基于市政行业的典型应用场景完成过程模拟、情景再现、预案推演，提前优化运行方案，充分释放数据价值，辅助用户做出决策甚至驱动决策自动化。

依靠信息技术创新驱动，深度发掘潜在需求，集中力量在部分应用点，催生新产业、新业态、新模式。例如，在生态环保行业，构建环保数据中心，创新大数据应用，利用云计算、模糊识别等各种智能计算技术，为政府提供物联监测数据和多元的智慧监管服务，对各种环境信息进行智能分析，明确环保建设和应用的范围，实现政府、企业、社会多方受益，助力政府实现生态环境的精细化管理。

SS1-4
构建信息安全体系

> 智慧方案的信息安全体系包括感知层安全、数据层安全、应用层安全和安全管理四个部分，安全体系应能够集成各层次安全基础设施为一个整体，进行全方位、全生命周期的防护。

SS1-4-1 构建完善的系统安全体系

智慧方案的信息安全体系应考虑物理安全、运行安全、数据安全三个要素。实现物理安全，避免对包括传感器的干扰、屏蔽、信号截获等在内的干扰，保证传感器的正常使用；实现运行安全，应保证传感器、信息传输系统及信息处理系统的正常运行，与传统信息系统安全基本相同；实现数据安全，需保护传感器、信息传输系统、信息处理系统中的信息，避免出现信息被窃取、被篡改、被伪造和抵赖等问题。

SS1-4-2 纵横结合形成系统全方位防护

系统的安全体系包括纵向防御体系与横向防御体系。纵向防御体系的构建，需着重实现边界防护、区域防护、节点保护、核心防护。在感知层、数据层、应用层之间层层设防，以防止各个层次的安全问题向上扩散，避免由于一个安全问题而摧毁整个系统。横向防御体系包括物理安全、安全计算环境、安全区域边界、安全通信网络、安全管理中心、应急响应恢复与处置。纵向防御体系和已有的横向防御体系一起，纵横结合，形成全方位的安全防护。

SS1-4-3 针对性防护数据的全生命周期

系统的安全体系要围绕数据从采集、传输、存储、分发、访问等全生命周期进行有针对性的防护。首先，要建立安全支撑平台，包括安全管理、身份和权限管理、密码服务及管理系统、证书系统等；其次，要根据实际情况，在感知层采用安全标签、安全芯片或安全通信技术，其中涉及各种轻量级算法和协议，对感知层数据采集终端进行双向认证，一方面保证数据和来源的真实性，另一方面保证数据不会被非授权访问；最后，要在数据层和感知层之间部署安全汇聚设备；在数据层，需要部署多种安全防护措施，包括网络防火墙、入侵检测、传输加密、网络隔离、边界防护等设备；在应用层，需要部署网络防火墙、主机监控、防病毒，以及各种数据安全、处理安全、云安全等措施，对非授权访问、异常流量、病毒木马、网络攻击等行为进行控制和监测。

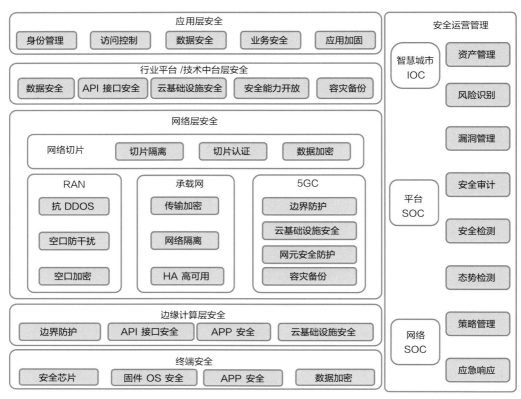

智慧市政安全体系框架

SS1-5

统一标准规范体系

> 智慧方案标准规范体系包括体系框架及各类
> 运行管理标准、数据标准、技术标准、工作标准
> 等，用以指导并规范智慧方案系统的顶层设计、
> 技术架构、融合应用。

SS1-5-1 规划智慧方案标准体系框架

　　智慧方案标准体系应涵盖智慧方案建设的多个
方面，包括总体标准、数据标准、技术/平台/设施标
准、应用场景标准及信息安全标准与运行标准等。总
体标准宜规定在术语定义、技术支撑、参考架构、成
熟度评价等方面的总体建设要求中，从全局角度把控
智慧方案的建设工作；数据标准体系包括智慧方案基
础设施数据资源体系、数据编码体系及数据互操作体
系等，技术/平台/设施标准包括物联设备感知、设备

通信、数据采集和融合、计算存储与业务应用、空间
分析与模拟仿真等子类标准，用于指导实现智慧方案
建设运行维护信息的汇聚、共享、交换及有效利用；
应用场景标准包括园区、交通、水务、燃气等多个市
政领域的行业级及单元级应用场景标准规范，为智慧
建设运维系统的建设、验收、评估等工作保驾护航；
信息安全标准主要包括数据安全、系统安全、技术与
伦理安全等子类标准，信息安全标准贯穿整个标准体
系，对其他各类标准的制定具有指导性意义；运行标
准包括运维保障、运营体系、系统评测三部分内容，
保障智慧方案安全运行长效机制的建立。

SS1-5-2 构建科学、有效的标准体系

　　智慧方案标准体系的构建需要以服务方的需求
为主导，开展以管理标准、技术标准、工作标准等
为核心的标准体系建设，通过标准化手段提高运营
的规范性。标准体系在深度上需实现与各种类型的
网络架构之间的互通，实现信息的迅速且畅快地获

取和传输；在广度上需实现服务对象在各个环节的衔接，满足不同行业、不同领域、不同地区的请求。

　　标准体系的建设必须与市政基础设施的发展需要紧密结合起来，在充分借鉴国内外相关行业的标准化工作成果的基础上，建立一套科学合理、有机统一的标准规范体系，用于指导市政基础设施智慧建设运维系统的建设和运营工作。

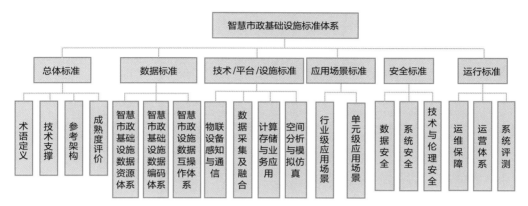

智慧市政标准体系

SS2

数据感知

SS2-1

对接全要素数据源

　　市政基础设施的数据资源体系是以城市系统空间和结构为统一载体，涵盖经济、政治、社会、文化、生态等各方面，并整合各领域数据内在关系的复杂系统；全方位、充足、可靠、时效性强的城市数据资源体系，是市政基础设施数字化建设的重要生产资料，是市政基础设施系统绿色、高效运行的数据基础。

SS2-1-1 洞察城市数据来源

　　对城市数据的发掘，应充分利用城市内大量安装的传感器、摄像头及智能通信设备，力求渠道多、来源广，以支撑城市系统全方位的分析、研究活动。同时应注重在空间和时间尺度上具有动态性、规律性的数据，如城市空间中的人流、物流、信息流、资金流等，通过完整保留其蕴含的信息，为智慧化运维管理夯实数据基础。

SS2-1-2 构建完备城市数据结构

　　市政基础设施数据资源体系包括但不限于以下几个方面：基础地理信息指与地理位置相关的数据，是信息标准化处理的空间数据依据，包括影像图、矢量图与地形图等，主要数据来源包括航空航天卫星遥感数据、近景摄影测量数据、GNSS定位数据等；政府数据是对政府活动、公共事务、公众生活、城市运行有关的数据资源的总称，包括来自交通、环保、水务等政府部门所产生的各类信息与统计资料汇编等数据；企业数据指与企业经营相关的数据，其中包括研发与设计、建设与制造、销售与安装、服务与运维等环节产生的数据；公众数据即在日常生活中，个人产生的手机数据、LBS位置服务数据与客流数据等，这些数据描绘了用户的社会活动模式。

SS2-1-3 确保数据质量与数据安全

在数据收集过程中，应尽可能收集异源、异构、动态的数据，可有效打破"数据孤岛"问题，充分挖掘各类数据的附加价值；应协调有关部门相互配合，减少数据汇聚、流转及共享的难度和成本；应重视城市数据安全。目前对于数据权层面的法律基础设施和配套建设尚不充分，应当以合法的手段进行数据获取和处理，确保数据的保密性、安全性。

城市数据资源体系

SS2-2

融合多源异构数据

> 市政基础设施多源异构的运维数据，其传输网络具有高度异构、大尺度多跳、动态拓扑变化等网络特征；对多来源多类型的市政基础设施运维数据应进行及时、高效的组织和汇聚，提供数据汇聚、数据填报、定制数据接口开发、离线数据导入等功能，保证数据汇聚传输的可靠性以及预测端到端时延的准确性，避免占用大量的网络资源和计算资源。

SS2-2-1 建设实时、可靠的传输网络

市政基础设施的传输网络应具有实时性，将市政基础设施的运维安全指标的相关数据实时传输到网关节点，便于系统及时进行运算处理，并在第一时间做出相应的反馈。

市政基础设施的传输网络应具有低延迟特性，尽量减少或避免通信链路冲突导致数据传输失败、需要重传的情况，减少数据延迟。节点状态切换以及额外的网络延迟，也会产生大量的通信开销和数据汇聚时延。

市政基础设施的传输网络建设应分层分级建设，应建设具有动态快速自行组网特性的大尺度无线多跳网络，作为数据传输骨干网络，与市政基础设施原有传感器系统传输网络相互联通融合，并满足不同类型数据特定的QoS传输需求，为感知层与上级控制系统之间的信息交换提供实时、可靠的传输服务，保证市政基础设施智慧运维实时、可靠的数据汇聚传输。

SS2-2-2 合理适配不同数据源

应合理适配不同类型的数据源，支持且不局限于Kafka消息队列、FTP文件、API数据接口和前置交换库等。有安全需求的数据在传输中还应进行加密处理。

Kafka消息队列适用于对时效性要求高的流式数据采集；FTP文件适用于数据量大、时效性要求不高的数据采集；API数据接口和前置交换库适用于交换频率较低的管理数据采集。通过各类可灵活拓展的API数据接口，实现对市政基础设施各类运行数据的近实时抽取和获取，将所得数据增加时间标签，传入汇集区，以分布式文件管理方式和分布式数据库管理方式进行存储。

SS2-2-3 预处理汇集数据

从数据源汇集后的数据应先进行预处理操作，依据提前制定好的数据接入规范，对数据项内容进行预处理操作。对于不同系统、不同类型的数据源，应按照数据接入规范，通过内置的标准转换程序，将数据转换为标准的统一格式。不同类型数据应采取不同的数据传输方式，例如，流式数据应写入Kafka消息队列，离线数据应写入本地文件或交换库方式进行数据传输。

SS2-2-4 提供数据缓存功能

市政基础设施运维数据的采集处理应提供数据缓存、断点续传的功能，将感知层采集到的数据写入文件和数据库中进行缓存。当数据传输失败时，会将发生故障的时间记录下来，在恢复正常后根据故障时间，从缓存中找到这些数据重新传输。还应在数据采集处理过程中进行实时监控，当监测到异常信息时及时告警提示。

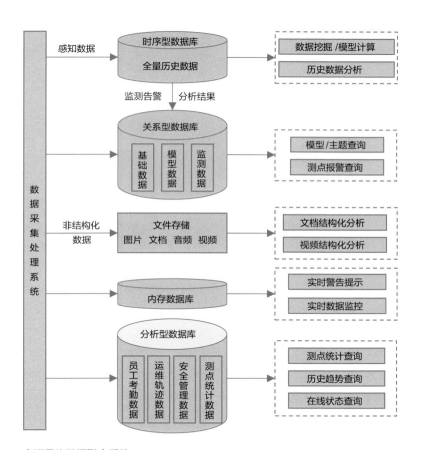

多源异构数据融合系统

SS2-3

系统优化数据治理

> 智慧方案的数据治理是管控数据质量的有效关键技术，是指建立规范的数据应用标准，运用数据抽取、数据转换和清洗、数据加载的ETL技术，确保数据准确无误，实现数据实时交换和共享，消除数据安全性和可靠性隐患。

SS2-3-1 统一数据治理标准

数据治理应先建立数据治理标准体系及各项数据治理标准，以规范数据的采集、存储、抽取、加载等。数据治理标准应与应用场景标准、技术/平台/设施标准、安全标准、运行标准等统一构建，共同形成智慧方案标准体系。

数据治理标准应涵盖智慧方案建设的全生命周期，包括市政基础设施的规划、建设、运维等各时间阶段。

数据治理标准应涵盖市政基础设施的全要素，包括市政基础设施BIM数据、GIS 数据、IoT数据及各业务应用数据等；同时，应包括市政基础设施的全生命周期，包括市政基础设施的规划、设计、施工、运维等时间阶段；数据治理标准应包含数据采集和融合、计算存储、应用与分析、模拟仿真等数据从生产到应用的全过程。

数据治理标准应涵盖结构化与非结构化数据，以实现多源、异构（结构化与非结构化）的数据汇聚后，采用标准化的基本理念进行数据治理。

SS2-3-2 选取数据抽取策略

数据抽取在ETL技术中负责将分散、异构的数据抽取到临时的中间数据库。由于不同数据源的数据可能以不同格式存储在不同数据库中，应采用一定的方法从中提取数据。针对多源数据各自的特点，宜采取以下两种数据抽取策略：一种是全量抽取策略，在数据量确定且不是很大的特殊场景采用；另一种是增量抽取策略，在数据量较大且无法预知数据量级时采用。

SS2-3-3 清洗和转换数据

鉴于数据具有多源、多格式、多存储形式的特点，在进行数据抽取后，需要对其进行清洗和转换。数据清洗将不符合规范要求的脏数据处理为需要的干净数据，脏数据主要包括缺失数据、错误数据和重复数据三大类，深入展开较为复杂，一般不需要过高的要求，简单处理即可；数据转换，完成不一致数据的转换工作，包括验证数据正确性、规范数据格式、数据转码、数据统一、行列转化等，复杂度同数据清洗一样，应用场景视具体需求而定。

SS2-3-4 采用适合的数据加载方法

数据加载在ETL技术中负责将数据从临时的中间数据库加载到目标数据库中。在数据治理过程中，应结合使用的数据库选择适合的数据加载方法，分别采用增量加载和全量加载方法。增量加载只对变化的数据进行更新，包含时间戳方式、日志表方式、全表对比方式、全表删除插入方式四种方式；全量加载采用先删除再加载的方式，即先删除全表再重新加载数据，与增量加载方法相比，全量加载方法更简单。

SS2-3-5 提升数据安全质量

数据是一个企业的核心资产，大数据时代产生的海量、多元结构（结构化与非结构化）数据需要利用有效的方法来管理。数据治理能够提高数据的质量，确保数据的安全，推进数据资源的整合，实现数据资源在各组织机构部门的共享，充分发挥数据资产作用。通过实施数据治理，可以实现企业数字战略，优化企业管理体系（组织、制度、流程等），降低企业风险，让数据为企业创造出更高的经济效益和社会效益，从而加快市政基础设施发展。

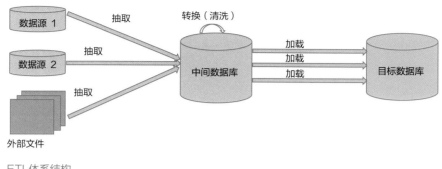

ETL体系结构

SS2-4

构建统一的数据库

智慧方案的数据治理是管控数据质量的有效关键技术，是指建立规范的数据应用标准，运用数据抽取、数据转换和清洗、数据加载的ETL技术，确保数据准确无误，实现数据实时交换和共享，消除数据安全性和可靠性方面的隐患。

SS2-4-1 建立规范数据标准

应建立统一的数据标准和命名规范，对多维度下相互孤立的多源异构数据进行规范化管理，减少后续数据存储、集成融合、实时计算等过程的冗余操作，提高数据利用率和可复用性。

应建立统一的应用场景数据标准，针对市政基础设施全过程中的工程进度、质量、安全、成本、管理数据、物联网动态数据、系统应用层产生的数据等，消除各种应用场景下的"数据孤岛"现象。

SS2-4-2 针对性构建数据模型

针对数据库系统中不同使用者，结合使用目的，应建立不同的数据模型。数据模型作为其数据特征的抽象表达，应从抽象层次出发对数据库系统的静态特征、动态行为及约束条件进行表达，并对数据的定义和概念进行描述，为所构建数据库系统的信息表示与操作提供框架。数据模型应包括数据结构、数据操作、数据约束三部分。以数据结构对数据的性质、类型、内容及关系进行表达；以数据操作对相应

数据结构上的操作方式和类型进行表达；以数据约束对数据结构中数据间的制约和依存关系、语法、数据动态变化的规则等进行表达。从而提高数据标准覆盖率，以对数据的准确性、有效性和相容性进行保证。

SS2-4-3 针对数据类型设计数据库架构

应对数据库架构进行合理设计从而在很大程度上提高数据库的系统性能，以应对市政基础设施建设行业中的业务高并发、大数据量的请求。应针对不同业务场景下的数据类型、实体间关系合理建表，以高可用、高性能、一致性、可扩展性为原则，通过分库分表处理高并发读写请求，依据数据特性合理确定索引规则、缓存方式及优化算法，宜通过创建分片、分组架构来提升数据库的读写性能，规范数据字典表建立规则，在降低数据冗余和提高处理速度间寻求平衡，从而提高数据库系统运行效率。

SS2-4-4 创新支撑实现数据共享

应对数据库进行统一规范化构建，从而节省数据存储空间、易于维护管理、提高过程流转性能及数据的高复用性。针对应用场景和业务需求，合理构建数据库系统，通过融合分析与管控，充分发挥数据要素效能，实现数据集成融合、实时计算存储、数据标准化管理、数据质量化管理、数据安全化管理、数据生命周期管理。以数据驱动智慧方案，提高精细化管理服务水平，为市政基础设施数字化管理运行维护提供决策依据。

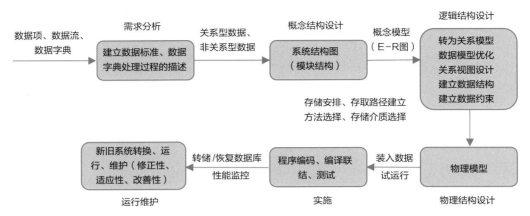

数据库设计描述

SS3

智慧管控

SS3-1

建设数字孪生系统

> 数字孪生系统是指集成GIS、BIM、IoT技术，构建与市政基础设施物理世界相联结的三维可视化系统；大数据分析及人工智能技术的引入，使得市政基础设施数字孪生系统具备算法分析与模拟仿真功能，整体系统具备数据感知、智慧决策等能力；打造基于CIM基础平台的市政基础设施数字孪生系统，成为提升市政基础设施建设运行维护管理水平的重要技术手段。

SS3-1-1 技术集成构建数字映射系统

构建市政基础设施的数字映射系统，即构建与市政基础设施物理世界对应的虚拟世界。首先应采用BIM技术、数模分离技术、数字化交付技术等，实现市政基础设施系统的模型搭建及轻量化发布，实现市

政基础设施几何数据汇聚；第二是融合市政基础设施GIS数据，包括二维和三维GIS数据；第三是汇聚市政基础设施的专题数据、业务数据、IoT监测数据，实现多源异构数据标准化存取、融合应用，为市政基础设施决策系统提供基础数据。

数字映射系统应保持与市政基础设施物理世界联动，集成IoT技术实现实时感知、联动更新，且根据需要联动市政基础设施全过程、全要素数据，实现市政基础设施物理世界与映射系统"实时联动""虚实交互"。

SS3-1-2 建设市政设施综合管理平台

建设综合管理平台宜基于市政基础设施的数字映射系统，可实现市政基础设施全过程、全要素的长期、动态、智能的数字化管理。平台应预留接口以对接运行维护过程中所需的各业务模块，形成包含各业务单元信息、数据存储管理和辅助决策分析等功能于一体的平台。

平台宜集成应用三维可视化（GIS、BIM、VR、非标模型）和物联网（IoT）等数字孪生技术，实现三维可视、实时在线、智能感知功能；宜集成大数据分析与人工智能技术，实现模拟仿真、智慧决策功能。市政基础设施综合管理平台通过"虚实交互、以虚控实"，实现物理世界与数字世界互联、互通，全面提升市政基础设施的建设和运行维护管理水平。

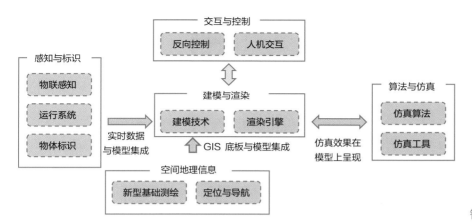

智慧市政数字孪生系统

SS3-2

搭建运行监控系统

搭建运行监控系统，应以物联网、大数据、云计算和移动通信等新一代信息技术为支撑，建立一套科学、高效的智能运行监控体系，使市政基础设施具备一定的智能运维能力，提高企业的核心竞争力和经济效益。

SS3-2-1 构建智能运行监控系统

构建能够对软件设备进行精确故障定位、自动化电子设备监测的运行监控系统，包括但不限于全网视频设备、IT设备、物联设备及平台系统软件，实现数据的自动采集、实时监测、智能报警。系统功能模块应包括电子地图、实时监测、设备管理、图形展示、故障预警和告警、统计分析、运行维护管理等，宜采用大屏展示、主流数据监控分析、主要节点定位，保障系统的稳定性。

例如，针对区域环境质量及污废排放点，系统通过监控及质量指标自动判定环境达标情况，当环境质量超标或排放异常的情况发生时，系统自动报警，并关联相关区域的排放信息，为解决环境问题提供依据。

SS3-2-2 建立市政设施运行监控平台

运行监控平台应以"互联网+智能运维"为核心，构建设备、监控中心、移动终端三位一体的智能化监控与运维服务系统。宜以物联网、大数据、云计算和

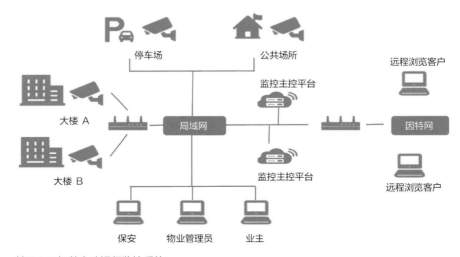

基于CIM智慧市政运行监控系统

移动通信等新一代信息技术作为支撑，实现对视频系统及基础支撑运行环境的可视、可控、可管理；对关键设备设施等资源，实现从启用档案、维护保养、检维修、检定、报废等全生命周期的管理；实现智能设备的互联、互通，以及远程管控与运维；对设备的运行状态、执行效率、能耗情况等实时跟踪与监控、分析与优化，从而提高设备综合能力和应用效率。

SS3-3
建立事件管理系统

> 构建事件管理系统以事前判断、事中控制、事后追溯为原则，采用GIS、物联网、云计算、大数据分析、移动互联、5G和AI技术，搭建智能、高效的事件管理平台，提升事件管理的质量和效率。

SS3-3-1 建立事件管理系统

建立具有对事件监控、维护、协调、跟踪功能的事件管理系统，应实现及时的公示、通知、预警、协调企业的设施设备和服务管理；监控视频、人员、车辆、网格、重点区域、道路等全局资源展示，多图层叠加、筛选，全要素可视化呈现，宜支持智能终端、

PC端等一键调取事件位置的各类视频，实现对现场全方位的可视化掌控。事件管理系统对运行过程中上报的事件统一进行管理，应包括日志查询、系统备份/回复、报警时间统计、系统设置、数据集成配置、电子地图管理、授权浏览、报警管理、报警联动等。报警管理应对事件进行派发、处理、定位等操作，宜根据区域、问题来源、上报人统计事件总数。

SS3-3-2 搭建事件管理平台

事件管理平台应以IT服务台为中心，统一入口接受用户服务事件请求，通过对事件问题流程化管理，处理数据收集、存储、分析、处理、跟踪等环节，最终在事件管理的基础上积累和总结解决方案，提取形成事件管理知识库。事件管理平台宜进行事前判断、事中控制、事后追溯，通过技术和自动化手段，打造全方位智能事件管理解决方案，实现事件采集智能化、事件分析处置智能化、事件结案智能化。宜支持平板电脑及手机终端，用户可以随时随地查询事件信息、跟踪事件情况，预约相关服务、反馈异常及问题，提高办事效率和服务质量；宜支持市政相关调度人员及领导，随时随地监控、处理业务，提高事件的响应速度。

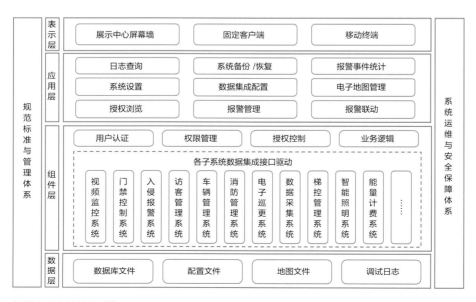

智慧市政事件管理系统

SS3-4

部署安全管理系统

安全管理系统是指通过互联网、物联网、大数据等技术的集成应用，构建对各类公共安全事件具有监控、预测、报警功能的市政综合管理系统；系统针对相关要素进行全面的数据采集，更全面、准确地掌握潜在危险源的发展动向，进而做到事故的及时预警、分析、处置；通过部署市政安全管理系统实现信息资源的高效联动，对安全事故的及时预警，有效提升城市安全管控能力。

SS3-4-1 构建市政安全管理系统

市政基础设施的安全管理系统应采用大数据技术，以实际应用为目标建立消防、人防、医疗、交通、重大危险源、市政等专业数据库、基础数据库，推动各职能部门公共安全信息数据关联和共享应用；以计算机多媒体技术、网络通信技术、智能图像分析技术、人脸识别技术等为基础，通过各类传感器动态监测和监控各类安全关键指标的实时数据和历史数据；应用智能算法进行数据归纳分析，结合实时监控系统联动排查安全隐患，进而实现对自然灾害的预报、重大危险源的监管和对人为安全事故隐患的整改治理，预防或及时阻止公共安全事件的发生。

同时通过虚拟现实（VR）技术搭建三维应急模拟演练系统，通过现实和系统场景相结合的方式，进行突发事件应急处置整个流程的培训与模拟演练，通过对企业人员、政府人员、专家等相关人员的演练和培训，全面提升公共安全管理体系的综合应对能力。

SS3-4-2 搭建公共安全管理平台

市政基础设施覆盖面广，安全管理系统应通过公共安全管理平台实现。应建立一个基于GIS或CIM的城市安全管理信息化平台，统一电子地图，通过视频监控、电子巡更、无线对讲、报警系统、交通治安管理等功能实现对城市的全覆盖安全管控，对重点区域实行全方位、立体化、智能化监管。同时接入与共享

城市气象部门、地质灾害部门网站的数据，实现各类信息互联、互通、互融，最终形成一个集动态巡防、日常勤务、警情研判、模拟演练、预案流转、警力布控、联动控制、快速处理、调度指挥等功能于一体的"城市公共安全管理平台"，在各种突发事件和安全隐患发生之前及时预警，有力推动形成以"事前预防"为宗旨的新型城市公共安全管理模式。

智慧市政安全管理系统

SS3-5

优化能耗管理系统

能耗管理系统是指对供水、供电、供气、供热等相关能源的统一监控管理；通过采用智能物联网技术，在满足能耗管理标准体系的基础上，搭建一套能耗管理平台，集聚大数据优势，为能耗监控和分析提供有效的依据，实现能耗的提质、增效、降本和减存实现绿色与智慧用能。

SS3-5-1 建设能耗管理标准与数据体系

在建设市政基础设施的能耗管理系统前，应建立统一、完整的能耗管理标准体系和数据体系。数据体系应以规范构建能耗采集网络结构，数据内容包括但不限于能耗监测数据、业务数据、资源管理数据和财务管理数据。宜对不同的数据采用不同的数据记录方式，并根据标准来判断能耗合理性；宜建立专业的数据分析体系，根据能耗数据库模型建立能耗模型和能耗计量体系，对数据从多个角度进行统计、分析、评判，采用动态曲线、图表的形式，及时反馈能耗信息；宜构建能耗监测管理体系，涉及能耗采集分析、

用电管理、节能项目管理、能耗指标管理和专业化流程管理等方面，实现能源管理系统的标准化、规范化以及量化管理。

SS3-5-2 搭建能源控—管—运一体化平台

通过节能策略的执行控制、大数据的挖掘建模和智能化系统集成，搭建能源控制、管理、运维一体化平台，建设能源供给、能源管理、设备管理、能耗分析等功能模块，对用能系统的能耗信息予以采集、显示、分析、诊断、维护、控制及优化管理，实现用能的精细化集约化管理。

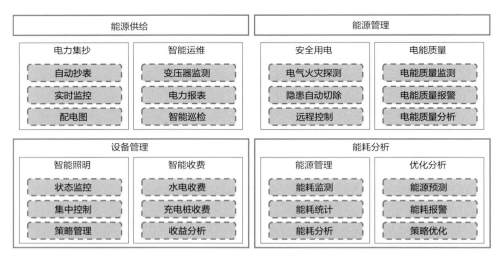

能源控—管—运一体化平台功能模块

SS3-6

布设应急管理系统

应急管理系统是指通过GIS、互联网和多网融合，形成面对突发灾害及时、有效的应急响应机制。以信息技术、智能技术和多网融合为依托，实现城市应急管理的数字化、网络化和智能化。构建城市应急响应系统，可从根本上改变城市应急管理模式，优化城市运行机制　提升城市管理的效能和品质。

SS3-6-1 构建应急管理系统

构建市政基础设施应急管理系统，应充分利用卫星通信、导航定位、互联网、应急通信和移动信息终端等手段进行信息提取与数据分析，包括重点防护目标、重大危险源、应急救援力量、应急专家组和避难场所等基本信息；联动安全管理系统，通过物联网、云计算、大数据技术、移动互联网的集成应用和深度融合，综合分析现场数据及周边设施与设备、道路与交通等信息，规划最佳避险措施，落实灾害应急与救援预案；综合调用各类数据库的应急资源信息，进行辅助决策、调度指挥和总结评估，实现安全应急管理和协调指挥工作的信息化和智能化。

SS3-6-2 搭建应急管理一体化平台

市政基础设施应急管理系统，宜具备实时监控、报警定位、周边检索、避险建议、紧急求助、可视化指挥等功能的城市应急管理一体化平台，通过动态数据采集评估判断事故风险等级，根据应急预案有序组织应急疏散、封控隔离、交通管制，同时支持紧急信息发布功能，对各种突发事件信息进行接收和报送，及时向外界发布事故协调指挥过程和当前救援情况等信息。形成统一指挥、反应灵敏、协调有序、运转高效的应急救援机制，实现对突发灾害快速、有效的应急响应，有效提升城市突发紧急情况的应对能力，保护人员财产安全，将灾害造成的负面影响降至最低。

SS4

解决方案

SS4-1

建设市政管理平台

基于市政基础设施CIM基础平台，以CIM数字基座为核心，集成大数据、云计算、人工智能等技术，建设市政基础设施CIM建设运维管理平台，推进市政基础设施管理一张图，并统筹考虑市政基础设施的全生命期，实现规划设计、建设管理和运营服务的一体化应用，全面提升市政基础设施精细化管理水平。

SS4-1-1 完善市政平台管理体系

通过梳理建设智慧方案综合数据库，借助物联网感知、大数据分析等新技术实现市政管理的精细化和智能化，构建横向、融合、完善、统一的市政管理平台标准体系，包括但不限于市政基础设施数据标准体系、行业数据对接标准体系、物联网感知标准体系、应急指挥调度处置体系、考核评价体系等，从而实现市政各专项业务的融合管理，为行业主管部门提供一体化、全方位的管理服务。

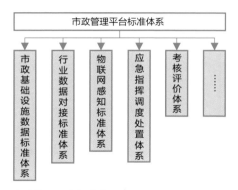

市政管理平台标准体系

SS4-1-2 架构运维管理平台功能

平台总体架构应包括三个层次和三大体系，包括设施层、数据层、服务层，以及标准规范体系、信息安全体系、运维保障体系；横向层次的上层对其下层具有依赖关系，纵向体系对于相关层次具有约束关系。

平台应基于城市信息模型，打通宏观布局与微观构件之间的空间数据壁垒，满足城市土地、建筑、设施等要素在不同等级下表达不同的计算与表达的信息形式；应构建城市规、建、管业务信息的数据与分析模型，展示、计算、管理各类城市业务；应建立数据标准、数据模型和业务模型，支撑城市业务成果信息的综合展现与计算；应构建数据融合与共享系统，融合城市不同阶段的全空间基础信息，提升城市规划、建设、运营、管理全生命周期信息管理能力。

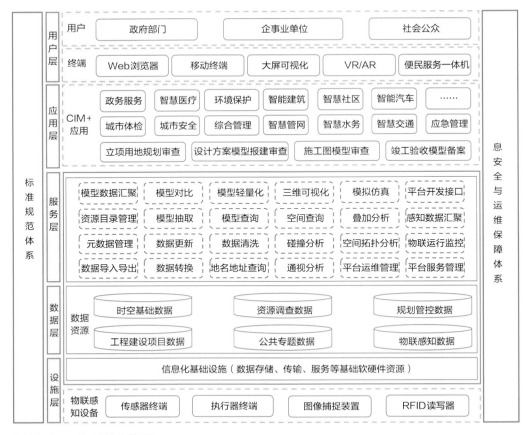

智慧市政CIM基础平台架构图

SS4-2

构建智慧水务系统

智慧水务系统是通过新一代信息技术（GIS、BIM、IoT、云计算等）与水务技术的深度融合，充分发掘数据价值和逻辑关系，实现水务业务系统的控制智能化、数据资源化、管理精确化、决策智慧化，打造水务系统的全面感知、泛在互联、普适计算与融合应用，保障水务设施安全运行，使水务业务运营更高效、管理更科学，服务更优质。

SS4-2-1 构建供水管控一体化系统

构建供水管控一体化系统，应遵循"资源共享""服务一体"的原则，打造基础支撑平台，构建厂、站、网一体化数据监测体系，建立智慧供水平台，实现"资源共享、业务协同、标准统一、服务一体"的供水管控协同机制。

构建供水管控一体化系统，应以水务运营管理信息资源的开发利用为核心，以信息化资源整合和共享为手段，以信息技术为支撑，建设信息管理平台作为各级业务应用系统的基础支撑平台；建立"制水—供水—用水—节水"的厂、站、网一体化数据监测体系，实现"一张图"管理；构建覆盖生产、输配、服务、运营等城市供水各个环节的"智慧供水"平台，实现对资产、人员、事件的全对象精细化管控。

SS4-2-2 构建排水管控一体化系统

构建排水管控一体化系统，应按照"信息管理""智慧调度"双管齐下的原则，一是要打造基础支撑平台，二是要建设监控、指挥、决策中心，逐步挖掘水务信息价值，系统化解决城市水环境、水安全问题。

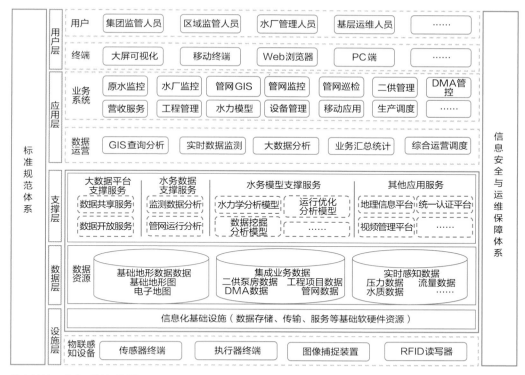

供水管控一体化系统架构图

构建排水管控一体化系统，应按照统一的技术要求、检验办法和评定标准，实时监测管网泵站、水厂水质水量及业务收费等全要素指标变化，打造智慧排水"一张图"和排水设施监测"一张网"，构建完整的排水系统运行数字画像。系统应以"数据模型+应用场景"为核心，加强数字资产运营统一管理、管网水力模拟、水量水质调配分析、内涝预警联排联控、在线巡检管网检修等业务场景的应用，以更加精细和动态的方式管理系统的生产、管理和服务流程，全面提升城镇排水系统的智能管控与分析能力，为城市安全和正常运行保驾护航。

SS4-3

建设智慧交通体系

> 智慧交通是在智能交通系统的基础上集成物联网、大数据、云计算、人工智能等高新技术，实现人、车、路、环境四要素的全面感知、协同互联、高效服务，具备一定判断、创新、自组织能力的智慧型综合交通运输系统。

SS4-3-1 建立安全、高效的交通管理平台

智慧交通管理平台建设应注重交通信息采集系统的建设，提高信息汇聚、数据挖掘、数据处理及分配效率；平台的建立应考虑相关参与部门的信息管理权限及数据共享，打破"信息孤岛"现象。智慧交通平台宜满足公众出行多样化、个性化、动态化交通服务需求，以及交通应急救援、跨行业综合交通服务需求，实践"以人为本"的基本理念，通过平台功能的

设计与实现，最终达到缓解拥堵、减少事故、协同指挥、诱导预警及智能引导等目标。此外，智慧交通平台宜具备实时监控、自主判断、辅助决策、及时响应等功能，以提升城市交通安全与城市高效运转。

市运行与市民之间的交互。智能交通体系应融入市民生活，建立无感、准确、人性化的管理机制，切实长效地促进城市良性发展，提高市民生活质量，加强城市智能化建设。

智慧交通的建设宜结合"节能减排""碳中和"整体推进，宜通过创建可视、可信、可靠的智能交通体系，提高路网通行能力和道路通行效率，发挥交通基础设施效能，进而提升城市整体运行效率。

SS4-3-2建立智慧城市交通体系

智慧交通体系建设应坚持"以人为本"的原则，将交通系统全方位融合到城市的总体建设中，完善城

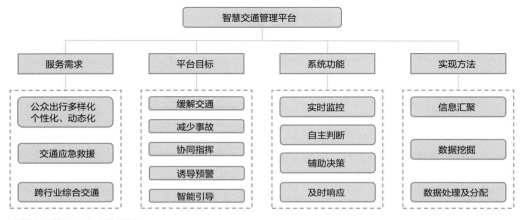

智慧交通管理平台功能逻辑

SS4-4
构建智慧供热系统

智慧供热是以自动化、网络化、数字化、智能化、信息化的信息技术设施为基础，以用户为目标，以低碳、舒适、高效为主要特征，以透彻感知、广泛互联、深度智能为技术特点的现代供热方式。智慧型供热系统具有自感知、自分析、自诊断、自优化、自调节、自适应的特征，助力低碳节能、按需精准、智慧调控目标的实现。

SS4-4-1 构建仿真模型和智能算法

构建智慧供热管控系统应遵循"基于模型做预测，基于预测作决策"的技术路线；宜通过数字孪生建立供热系统的仿真模型，以预测模型为中枢神经纽

带，周期性地对供热系统进行全局统筹和协调控制，解决强耦合、大延迟的调控难题，为整个系统的最优化热网运行控制和优化解决策略提供有力支撑。

智慧供热系统的仿真模型及智能算法应以供热计量智能化、系统调控自动化、住户用热自主化、政府监管科学化为目标，将系统控制、计量及分户计量、控温平台化统一管理，集供热生产调度、管网监控、管网水力分析、供热计量、室温控制、地理信息技术于一体，形成供热一体化综合解决方案。

智慧供热系统的仿真模型及智能算法应采用数字孪生建模仿真、物联网、大数据、自适应寻优等多手段相结合方式，在线实时优选热源、热网及配套设备的有序协同运行方式，优化运行策略和自动控制系统，完成供热系统"状态感知、实时分析、科学决策、精准执行"的闭环控制和自主优化运行，达到低碳节能、按需精准、智慧调控的目标。

SS4-4-2 建设智慧供热综合管理平台

智慧供热综合管理平台应采集热源至热用户的全数据信息，通过仿真模拟及智能算法优化热网运行控制和优化解决策略，实现智慧供热系统的调控决策中心功能。

平台宜包含运行监控、智能调控、负荷预测、能耗分析、地理信息、设备管理、事件管理等系统。根据功能需求，构建一套涵盖供热系统全流程的信息采集、数据的集中处理和控制、统一整合多个来源的数据接口。

平台宜结合供热系统自动化、网络化设备，实现覆盖热源、热网、热力站和热用户的供热全流程数据采集，打破"信息孤岛"，将供热系统运行调节时收集的大量参数进行统一集中监控，建立运行档案，形成数据库，结合云计算技术、云平台技术、大数据分析技术、人工智能技术，对这些数据进行查询、分析和总结，形成具有自学习能力的智能化管控平台，提升供热系统的运维管理能力。

平台宜结合实时气象数据、实时气候模型、实时运行监控以及GIS技术等，通过实时的水力计算和热力计算，对供热各个环节的运行参数进行及时的指挥调度和调整。

平台宜结合室温监控系统或结合热计量设备以及分户热计量收费模式，形成智能化的收费、客服、计量体系，将供热行业打造成一个有机整体，激发供热行业的发展活力和内生动力。

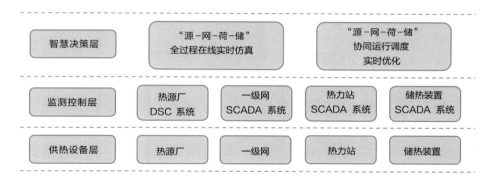

智慧供热系统功能逻辑

SS4-5

打造燃气管控系统

智慧燃气是指以燃气为核心能源，涵盖各种能源综合应用、高效管理、智能运营、便捷服务等的一体化综合能源生态系统；燃气管控系统以城市燃气生命线工程大数据为核心，构建智能高效、稳定安全、开放融合的燃气工程管理、运营和服务系统，实现燃气全过程的安全、低碳、清洁、智能、高效，提升用户体验，助力燃气安全的智慧管控。

SS4-5-1 构建燃气能源运管服务系统

燃气能源运管服务系统应以实现燃气系统工程智能化为目标，将燃气智能化贯穿于设计、建造、气源、输配、调度、服务、应急等城市燃气的各个环节，贯穿于智能管网、气源管理、智能计量、智能应急、智能服务等方面。

实现燃气管网智能化宜从"建、防、检、控、智"五方面进行推进，实现管网建设、防控机制、巡检运维、工况调度、智慧决策全面智能分析决策系统。智能管网建设基于城镇城市生命线管网体系建设，应依托新一代信息与通信技术，形成标准统一、精准感控、安全智能的城市生命线输配运营系统。

实现气源管理智能化宜结合能源互联网技术，实现管道气、液化气、生物质气等各种气源的智能调度、互补，从而保障能源系统供应安全、经济、智能。依托"云、大、物、移、智"等新一代信息与通信技术，基于城镇城市生命线系统构建智能高效、本质安全、开放融合的能源管理、运营和服务系统。

SS4-5-2 建设燃气工程安全监管平台

燃气安全监管平台宜基于城市级CIM基础平台，融合燃气BIM、GIS数据，实现三维轻量化发布，围绕燃气时空大数据，建立智慧燃气数据接入标准与接口协议，建设燃气时空大数据中心，开发智慧燃气运维管理系统，实现城市级燃气智慧运维。

燃气安全监管平台宜结合最新检测技术实现城市的燃气管网项目完整性管理排查，使用多种监测手段并结合历史数据经过智能的安全评估系统，对城市燃气管网进行快速的安全诊断，将燃气事故的解决从应急处理变为提前预防。

燃气安全监管平台宜结合城市生命线工程，将燃气安全融入城市智能生命体，全面整体实现城市生命线工程的高效管理、智能运营、便捷服务的一体化。

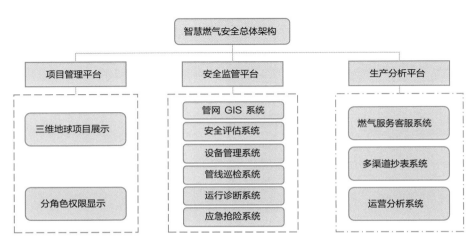

智慧燃气安全总体架构

SS4-6

建设智慧桥梁系统

> 智慧桥梁是在桥梁健康检测及监测系统的基础之上，集成物联网、BIM技术、GIS技术、大数据、云计算、人工智能等技术，形成的实时可看、可控、可监测的保障桥梁安全及交通安全的智慧管理系统。

SS4-6-1 构建桥梁安全管理系统

智慧桥梁安全管理系统宜与多智慧系统联动，结合周边各智慧系统信息进行周全、有效的数据处理、决策辅助、资源调用等。多源有效的数据可加强桥梁建设期间，以及后期运营使用过程中桥梁结构状态监测、损伤监测，并快速完成对桥梁结构承载能力、运

营状态的分析与预警，及时进行维护保养，有助于延长桥梁使用期限，消除潜在隐患，避免灾难事故。

桥梁安全系统内应包含桥梁事故应急预案，对于典型事故需具备紧急处理办法，包括切断交通、危险预警、紧急报警等综合性措施。

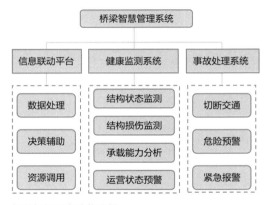

智慧桥梁平台功能逻辑

SS4-6-2 建立信息资源库和应用平台

桥梁智慧管理系统建设应首先明确建设目标，遵循"顶层设计、统筹管理、深度融合、全面提升"原则，整合现有资源、提升综合效能。建设统一的、智慧化管理的信息资源库和应用平台，以创新体制机制、提高管理水平为重点，统筹编制和实施桥梁运维智慧化管理体系的顶层设计方案，建立智慧化管理的资源配置、队伍建设、保障体系、管理制度的一体化工作机制。

智慧桥梁管理系统宜在项目建设初期开始建立，需要全面覆盖桥梁全生命周期信息，同时兼顾周边地理信息、环境信息、道路信息、交通信息、构筑物信息、临时性建设信息等，桥梁建设完成后，对于检测信息、监测信息、维护信息等同样应当予以记录，从而形成完善的桥梁信息资源库，准确、全面的信息对于智慧桥梁安全管理系统的建立有着至关重要的意义。

智慧桥梁管理系统宜与智慧交通相融合，宜结合智慧城市总体建设中，与城市建设，市民出行、交通保障体系形成良好的数据互通。

I1–I6

实施模式

IMPLEMENTATION MODES

I1 项目策划	I1-1	规划衔接
	I1-2	整体方案
	I1-3	实施保障
	I1-4	专业融合
I2 项目准备	I2-1	项目建议
	I2-2	可研报告
	I2-3	概念方案
I3 绿色设计	I3-1	方案设计
	I3-2	深化设计
I4 绿色施工	I4-1	开工准备
	I4-2	施工过程
	I4-3	竣工验收
I5 绿色运营	I5-1	调试运营
	I5-2	组织保障
I6 项目解除	I6-1	拆除方案
	I6-2	废物处置

I1

项目策划

> 绿色市政基础设施建设项目的策划，要梳理清楚全生命周期的主要影响因素，做好上位规划衔接，明晰项目建设的目标要求与功能定位，保障设施建设项目程序合规、功能定位准确、建设方案经济合理且技术先进稳妥，要高度重视不同专业融合，做到各领域各细分专业基础设施功能的协同增效，确保项目方案及实施过程充分体现绿色低碳高质量发展理念。

I1-1 规划衔接

I1-1-1 规划解读

绿色市政基础设施项目的规划建设，要把该区域上位规划作为基础性指导文件。要把城市总体规划作为控制性详细规划指导文件，把控制性详细规划作为修建性详细规划的指导文件；建设项目的规划实施还要与城市设计及片区开发计划紧密衔接。需要搜集绿色基础设施建设项目所需的各种上位规划文件，系统分析规划对项目本身及用地性质的建设要求与限定，有效提取项目建设的相关信息，包括项目及周边各方面现状，以及规划空间布局、公共设施、绿地系统、电力通信、交通系统、热力燃气、水资源系统、生态环境保护、竖向与管线综合以及综合防灾等关联信息，为项目筹划做好必要的基础信息准备。

I1-1-2 项目定位

要将绿色市政基础设施项目的功能定位作为建设项目筹划工作的关键核心内容。在项目筹划的初始阶段，就要从项目建设全过程的维度及不同视角，根据上位规划要求、建设条件、业主实际需求、公众受益等方面进行研判，确定绿色市政基础设施建设项目的功能定位。

绿色市政基础设施项目作为城市生命线与民生工程的关键支撑要素，要在行业引领、绿色低碳高质量发展方面体现项目品质的优异性、特有性、创新性，能够为人民群众提供绿色低碳、安全高效的市政基础设施服务功能与产品。

I1-2 整体方案

I1-2-1 实施团队构建

从实施角度看，绿色市政基础设施建设项目的组织既有对传统组织模式的继承性，也有自身特点及实施要求的特殊性。与传统市政基础设施建设项目的组织模式相比，综合性更强、协调性要求更高。这就需要组建具有综合保障能力的实施团队。特别是，设置绿色市政基础设施建设项目的技术总监类岗位，以便组织绿色市政基础设施建设项目各专业各阶段的成果协同融合，加强不同专业背景团队的技术共享、团队平衡和综合集成，产出项目实施全过程的系列组织方案。

项目准备工作流程示例

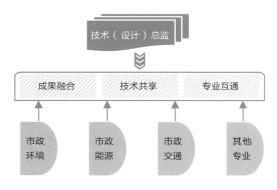

建设项目实施团队成员配置示例

I1-2-2 项目目标与范围

围绕绿色市政基础设施建设项目的功能定位，结合项目区域的近远期建设发展趋势，依次确定项目建设目标、实施范围、建设规模、建设要求、建设标准、实施条件等关键信息。根据项目的基本使用需求和所在地区的气候、文化、技术、经济特征等，合理确立绿色市政基础设施建设项目的目标及设计要求。深化研究项目所在地的实际环境与建设条件，从整体背景层面支撑项目后续开发建设与运行维护工作的顺利开展。

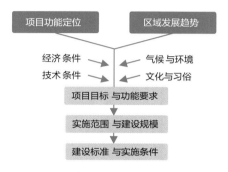

建设项目目标与范围研判

I1-2-3 周期与投资

绿色市政基础设施建设项目的总体目标、实施范围等关键要素确定之后，就要根据项目所在区域自然环境特征、经济社会发展程度、科技发展水平、从业人员科技素养和专业技能等各方面的实际情况，密切结合该区域公共财政能力、建设项目投资水平等，确定绿色基础设施建设不同阶段的工程投资需求，并形成针对项目开发不同阶段实际特点与实际需求的项目周期、任务分解、实施计划、时序安排等。

项目周期与投资的主要考虑因素

I1-3 实施保障

I1-3-1 实施机构

项目建设（投资）方需要建立绿色市政基础设施建设项目的工作领导小组，由主管（部门）领导担任组长，工程、运维、合同、财务、法务、采购等相关职能部门和规划、设计、施工、监理单位及第三方咨询机构作为主要成员，落实各自的职责、考核指标，要重点关注与节地节能降耗、减污降碳协同增效、废物回收利用等相关的绿色低碳指标的实施及保障措施。

I1-3-2 资金保障

对于绿色市政基础设施建设项目的资金来源统筹，要充分认识到其特有的社会公益性及非营利特征，前期建设资金投入强度大、收益平稳且相对较低、资金回收期长，主要产生社会和生态环境效益，短期内经济效益可能不明显。一般由政府作为资金筹措主体，以发行政府债券、转让相关资源使用权、公共财政补贴等方式实现资金筹措。近年来，随着我国经济体制改革的大力推进，在城市基础设施经营活动中也成功引入了商业资金、社会资本，如EOD、TOD、PPP等模式，为绿色市政基础设施建设项目的资金筹措提供了更多来源渠道、更多方法途径的支撑。

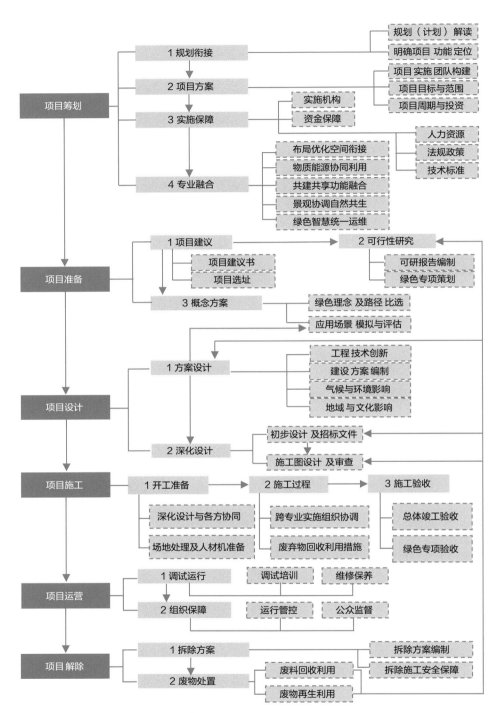

项目策划到项目解除的全过程实施框架体系示例

I1-3-3 人力资源

绿色市政基础设施的建设涉及众多领域、众多专业的理论知识与技术技能，迫切需要既懂建设项目管理又懂生产技术的复合型工程人才。当前，我国人才培养模式主要集中在某个领域的某个专业，对符合要求的人才进行专门培养，而针对绿色低碳复杂领域需求的综合性强的人才培养问题往往关注不够。这也是同一个技术或工程问题往往因不同专业的认识不一、标准各异而导致各自为战、协调困难的重要原因。

绿色市政基础设施的建设与运行维护需要协调环境、能源、交通、景观、空间、智慧等不同领域的专业技术人才，同时加强相关人员有关碳核算、减排及低碳发展方面的知识与技能培训。要推进项目的整体高水平实施，就需要大力培养贯通各专业知识和基本技能、组织管理和沟通协调等各方面能力的复合型、创新型人才。

I1-3-4 法规政策

绿色市政基础设施全生命周期的各个阶段都需要提升与绿色低碳发展相关政策法规的系统性、科学性和可操作性，通过健全源头严防、过程严管、后果严惩、激励创新应用的制度体系，整体完善绿色市政基础设施建设管理的政策法规及指导性文件。

绿色市政基础设施建设管理法规政策体系		
√ 总体原则	√ 主要性质	√ 主要措施
源头严防 过程严管 后果严惩 激励创新应用	系统性 可操作性 可执行性 科学合理性	价格政策 定价机制 严格执法 绩效激励

法规政策体系

要通过完善有利于绿色发展的定价机制、价格政策及相应的配套措施，进一步提高绿色市政基础设施建设管理政策法规的可操作性及实施成效；要通过全面深入调研、充分集思广益，提升绿色市政基础设施建设管理政策法规的科学合理性；要通过提高绿色市政基础设施建设管理政策法规制定的质量、精准普法、严格监督和执法，增强可操作性。

I1-3-5 技术标准

尽管市政环境、市政能源、市政交通等基础设施领域相关专业已经拥有大量的工程技术及产品标准，能够支撑相关设施设计建设与运行管理，但从绿色市

政基础设施整体系统与统筹建设的视角，工程技术与产品标准仍然比较缺乏，对市政基础设施整体建设形成较大的制约影响。

因此，需要加快建立服务于绿色市政基础设施建设与运行维护的集成设计、协同施工、整体验收、效果效益评估等方面的系列技术标准，进一步完善相关技术的标准化工作机制，强化技术标准的实施与监督，通过标准化措施推动绿色市政基础设施的高质量建设与运维。

I1-4 专业融合

I1-4-1 布局优化空间衔接

绿色市政基础设施涉及的环境、能源、交通等领域众多的不同类型基础设施，需要从复杂的多专业的协同系统的高度和视角进行空间优化布局。绿色市政基础设施的规划建设需要以国土空间规划体系为基准方向，与城市总体规划、相关专业专项规划、城市设计等进行综合协调，既要做好市政环境、市政能源、市政交通等不同领域之间各类基础设施的空间协调，又要做好各领域内部不同类型基础设施的布局优化、空间配置及功能增效。

I1-4-2 物质能源协同利用

需要对市政基础设施建设项目的物质和能量循环流动途径进行系统全面的剖析与核算，结合绿色市政基础设施整体系统及不同设施单体的物质和能量流通转化特征，规划构建市政环境、市政能源、市政交通等领域各系统的物质和能量传输通道，判明不同领域的系统之间物质和能量的传递关系及相互

作用机制，统筹构建基于资源能源高效（循环）利用的绿色市政基础设施物质和能量协同利用的实施路径。

I1-4-3 共建共享功能融合

要从土地供求关系紧张度、信息服务资源短缺等方面，对城市健康可持续运营形成制约的角度，认识不同专业类型绿色市政基础设施共建共享、功能融合的意义与价值。要以共建共享为主导理念，统筹建设绿色市政基础设施项目，充分发挥各类设施的功能与综合效益，缓解各种资源的供需矛盾，并利用信息设施进行升级转型。积极探索绿色市政基础设施共建共享的创新工作机制及实施策略，合理选择设施共享共建的组织管理与工程实施技术模式。

I1-4-4 景观协调自然共生

当前人居环境质量的核心特征就是生态宜居舒适性。灰色设施为主体的传统建设发展方式要加快向绿色生态为主导元素的新型建设发展方式转变。市政环境、市政能源、市政交通等领域的绿色市政基础设施建设与运维，应根据城市总体规划及园林景观等各相关专业专项规划要求，统一协调供水、排水、能源、道路、信息设施等诸多要素，统筹构建自然共生的绿色低碳城乡人居环境及基础设施服务体系。

I1-4-5 绿色设施智慧运维

绿色市政基础设施建设就是在绿色低碳高质量发展的大背景下，为城乡居民提供优美宜居的环境、清洁高效的能源、便利快捷的交通等公共服务，要借助智能化手段及数字孪生系统，统筹协调要素众多、结构复杂的市政基础设施运行情况，精准响应城乡居民对市政环境、市政能源、市政交通领域的实际需求。

因此，绿色市政基础设施的智能化管控与服务，要做到业务范围全覆盖，建立信息化网络系统及智慧运维平台，实现市政基础设施智能管控与高效运行维护，系统提升绿色市政基础设施的智慧化运行维护水平，更好地服务社会大众。

绿色市政基础设施专业融合模式

I2

项目准备

绿色市政基础设施建设项目在规划设计阶段就需要统筹考虑绿色低碳理念的实施方式及具体路径，在项目建设区域相关规划充分协调的前提下，重点从项目建议书、可行性研究报告、概念方案及详细工程方案、初步设计及招、投标文件等各阶段，明确绿色低碳的具体指标要求，要从技术先进性、可行性、经济合理性、实施条件等方面进行全面论证。

I2-1 项目建议

绿色市政基础设施建设项目的筹划，要从城市总体目标层面考虑绿色市政基础设施建设的功能需求、项目布局、投资模式，相关工程设计人员就要协助建设单位进行项目背景、需求分析，领会相关规划要求，提炼项目建设意图，多次反复交流以明确设施项目的功能定位和绿色指标；要严格按照城市总体规划及环境、能源、交通等领域的相关专项规划，密切结合项目所在区域经济社会发展趋势及实际需求，并与相关部门充分沟通，听取地方政府部门及各领域专家关于绿色低碳方面的意见，编制形成项目建议书或项目技术方案建议，供相关部门决策参考。

I2-1-1 项目建议书

由专业咨询机构协助业主进行绿色市政基础设施项目建议书的编制，从规划背景、实际需求与功能定位等方面开展研究，充分开展项目选址和建设条件论证分析与判断，对工程建设规模和建设周期进行分析，同时开展工程投资估算。系统开展环境影响、交通影响、地质安全、社会稳定风险、消防安全、低碳节能减排等方面的影响评价及专题报告的编制。

I2-1-2 项目选址论证

绿色市政基础设施项目建议书获得审批后，工程设计人员应根据项目所在区域初步确定的场地选择，开展深入调研，结合规划用地性质及土地现状情况开展研究，做好土地使用的评估预判工作，结合项目特点开展相关工程内容研究，以及与周围环境的融合等，同时判断项目实施所需的周边配套条件情况等，保障施工现场的供给和运输条件等。要充分体现绿色低碳发展目标及设施项目的功能定位和建设需求，做好市政环境、市政能源、市政交通等基础设施工程建设项目的用地选址论证及报批工作。

项目建议书阶段的工作要点

I2-2 可研报告

I2-2-1 可研报告编制

以项目建议书或立项批复为基础，依据国家发展改革委发布的《政府投资项目可行性研究报告编写通用大纲》，梳理项目建设背景、规划政策符合性和必要性；详细论证项目的功能需求、建设内容、建设规模、建设周期等核心要素，确定项目的产出方案；论证项目的选址（选线）、项目建设条件、要素保障及接驳条件等；提出项目技术方案、设备方案、工程方案、用地征收补偿（安置）方案、数字化方案、建设管理方案等；研究提出项目运营模式选择、运营组织方案、安全保障方案、绩效管理方案等；确认项目的投资估算，分析盈利能力、拟采用的融资方案、债务清偿能力、财务可持续性；分析项目的经济影响、社会影响、生态环境影响、资源和能源利用效果、碳排放情况；通过风险识别与评价，有针对性地提出项目主要风险的防范和化解措施，研究制定重大风险应急预案；需要特别关注与项目类型相适应的绿色低碳策划和概念设计方案，完成节地节能节水节材环保生态的绿色市政专篇。

对项目中涉及需要保护的对象、范围及标准提出要求，建设管理方案中需提出建设质量和安全管理目标及要求，施工组织设计中需提出施工期间交通疏解方案及生态环境保护等措施。

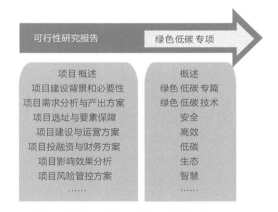

可行性研究报告及绿色低碳专项编制要点

I2-2-2 绿色专项策划

绿色市政基础设施建设最主要的就是要在传统基础设施建设基础上，科学合理地体现绿色低碳理念。要依据项目的地域特征、基础条件和发展需求，进行项目可行性研究中绿色策划专项编制，分析绿色基础设施建设项目的基础条件，对上位规划、本底生态、本地文脉、环境质量等方面进行分析确定目标，降低对周边环境及生态要素造成的影响，确立初期的绿色增（减）量投资及核心指标的确定。

I2-3 概念方案

绿色市政基础设施的绿色低碳属性要以概念方案的形式体现，要按照相关方法论体系进行市政基础设施绿色低碳的概念方案设计，进行多方案优化比选。在概念方案设计过程中，总体思路和主体内容就是要将绿色市政基础设施安全、高效、低碳、生态、智慧的理念体现在一系列细化条款中，作为强制性的条款或具体指标，规范和指导建设项目的后续设计、施工和验收。

I2-3-1 绿色理念方案比选

建设项目要从多维度体现绿色理念，无论哪类项目都应从安全、高效、低碳、生态、智慧等五个方面考虑，并进行系统融合。在市政环境、市政能源、市政交通等不同专业类型基础设施的规划设计与建设实施过程中，都要切实体现绿色低碳发展理念，把碳减排、碳补偿与碳汇的核心要素项作为重点考核对象，直接辅助绿色市政基础设施具体建设项目的多方案比较与选定，将比选因素从投资运行费主导向资源能源可持续发展转变。

I2-3-2 评估与模拟

绿色市政基础设施项目建设体现绿色低碳理念，要着重分析理念贯彻的可能性、有利条件和不利因素，确定绿色低碳改造/建设的可行性，明确相关设施建设细节部分的调整方向。设施建设完成并投运的过程中，要通过模型模拟、第三方咨询、专家评审等方式，对项目绿色低碳理念的落实情况、概念方案、核心指标和运行效能等做出专项评估，并做好的评估结果的应用。

I3
绿色设计

绿色市政基础设施建设项目在设计阶段就要具体落实绿色低碳理念，要从建设项目的全局出发，重点从工程方案设计、初步设计和施工图设计等各阶段，明确体现绿色低碳理念的具体条款、技术指标和技术方法，设计文件中落实到具体的材料、设备、工艺过程和工程实施方法。

I3-1 方案设计

I3-1-1 技术创新

在绿色市政基础设施建设项目方案设计过程中，为了充分体现绿色低碳发展理念，需要在传统市政基础设施规划设计模式的基础上，通过BIM正向设计、设计模式创新等方式，节省占地、节能降耗、碳减排、碳补偿及碳汇等诸多要素，并对其影响因素进行

绿色市政概念方案	理念定位：安全、高效、低碳、生态、智慧 贯彻过程：策划、规划、设计、施工、运维等 方案选择：碳核算、碳减排、碳补偿、碳汇等 评估模拟：建设影响、场地环境、经济合理性等

绿色市政概念方案评估

低碳技术创新与应用

全面分析与研判。从去能、降能、能量替代等多个角度，配置碳核算和碳减排措施。这些方面工作，目前仍然需要大量的科技创新作为支撑，需要不断技术创新与实践。

I3-1-2 方案设计

可按绿色市政基础设施技术指南的方法体系进行绿色市政方案的规划设计，在具备方案设计的条件下，方案可由绿色咨询设计团队完成，通过模型和场景模拟，对多种方案和实施模式进行实时评估与验证，通过不同形式的咨询和评审方式对方案进行评估和评价，项目团队组织各专业对方案进行进一步优化完善，与项目部或实施机构共同确定系统性的整体优化方案，方案中针对绿色低碳设计要进行前置论证及指标细化。

绿色方案设计及要点

I3-1-3 气候与环境影响

绿色市政基础设施设计过程中，要充分考虑当地气候与环境要素对基础设施方案选择、参数选取、工程造价和总体布局的影响，要因地制宜地选取相应的策略，最大程度利用区域气候和环境因素，系统研究对雨水等自然资源及太阳光、风等自然能源的利用可能性和可利用条件，减少工程投资，降低运行维护费用，同时要减少气候和环境因素对绿色市政基础的不利影响。

以市政供水排水工程为例，区域气候影响城市居民生活用水定额的选取；供水设施和污水设施的工程规模需基于居民生活用水定额这一指标来选定数值；气温对居民生活用水量有直接影响；冻土深度影响供水排水管道埋深的确定，进而影响工程造价。排水系统特别是雨水系统的设施规模计算一般基于当地的雨型、雨量和暴雨强度，如果设计不当，可能会因排水能力不足造成内涝积水，给城市安全运行带来不良影响。

I3-1-4 地域文化的融合

绿色市政基础设施所囊括的环境、能源、交通三大领域，与城市空间开发、生态环境治理、景观环境建设密不可分。不同地域的绿色市政基础设施建设受当地人文地理特征、历史传统影响很大。在绿色市政基础设施的景观建设中，必然会涉及传承和保护当地民俗传统、历史文化印记，要求设计方案突出地域文化表达，彰显当地文化价值，形成地标设施，强调因地制宜，推动文化和设计有机结合，提高当地居民的认可度、获得感和幸福感。

I3-2 深化设计

I3-2-1 初步设计

在场址、方案设计确定的前提下，设计咨询团队应对方案进行深化研究，在项目中落实绿色低碳指标和实施的技术路线，指导各专业的设计。由项目总工程师或技术总监牵头组织总图、工艺、结构、建筑、景观、机电等相关专业，分解落实绿色低碳指标实施的具体单元或工段，落实到具体的材料、设备、工艺、实施方式的选择上，指导初步设计，相关专业要明确绿色低碳的设计点和先进适用技术，及其在设计、建设、运营等各阶段的衔接或结合方式，通过评估判断和模型模拟技术分析，进一步优化、深化工程实施技术方案。并进行初步设计的绿色经济性评估，与初步设计一起组织专家评审与政府部门审批。

I3-2-2 施工图设计

依据初步设计成果及相关审查审批意见，开展施工图设计、重点考虑不同专业的配合和融合，最大限度节省资源能源的消耗，提升空间使用率，注重不同设施构造及节点的设计，优先采用绿色工艺、工法、材料、设备等。要明确绿色低碳理念的落实措施和具体点位，及其与传统基础设施的衔接方法。工程中对原有工程需要保护的应进行保护设计。

根据完成的施工图设计，可开展绿色市政基础设施建设项目的绿色设计效果预评估，在设计成果完全符合国家绿色标准的行业相关要求后，完成相关报审程序，满足相关报批手续后，合法合规开工建设。

深化设计及要点

I4
绿色施工

绿色施工作为市政基础设施全寿命周期中的一个重要阶段，是实现资源节约和节能减排的关键环节；市政基础设施工程建设中，在保证质量、安全等基本要求的前提下，通过科学管理和技术进步，最大限度地节约资源并减少对环境负面影响的施工活动，实现节能、节地、节水、节材和环境保护。

I4-1 开工准备

I14-1-1 深化设计与各方协同

绿色市政基础设施工程建设项目的开工准备，应着重与设计单位进行详细沟通，充分了解绿色低碳技术点在不同节点的采用情况，包括材料、设备、施工工法等，以便在施工准备、施工方法、进度安排、材料采购等流程上做好准备。紧密结合绿色技术或产品施工要求，把控好精细化的工程设计及质量。按照绿色施工方案和施工组织设计与各方协调工作内容，在设施建设施工时序计划安排方面，一般应遵循先场外后场内、先大后小、先深后浅、先管线后道路、先地下后地上、先主管后支管等原则。

I4-1-2 场地处理及人力材料机电准备

绿色市政基础设施工程项目建设过程中，需要把安全、高效、低碳、生态、智慧五大理念体现在场地处理及人材机的准备工作中。场地要考虑高效集约布置，协调统筹各分项工程的场地处理事项。人力、材料、机电等各要素配置与优化调度中，突出绿色建材，高效节能设备的配置比例，突破多部门管理障碍，试行项目部统一协调体制的一体化大兵团作战实施组织模式，确保绿色理念的贯彻到位。

I4-2 施工过程

I4-2-1 动态管理组织协调

绿色施工应对整个施工过程实施动态管理，加强现场施工、工程验收等各阶段的管理和监督。绿色市政基础设施的建设应综合考虑不同领域、不同专业的技术要求和交叉施工管理要求，从系统角度评估基础设施设计目标，综合协调各专业施工具体情况，做到统一筹划、优化布局、整体实施。绿色市政基础设施涉及市政供水、污水、雨水、水体、环卫、土壤等环境专业，燃气、供热、供电等能源专业，城市交通、市政道路、桥梁、隧道、轨道交通等交通专业，要兼顾每个专业的特征，做好组织协调工作。

I4-2-2 废物回收利用措施

在施工建造过程中，将涉及绿色设计技术和设备产品的更新替换，需进行相应的量化计算调整和必要的复核模拟计算，形成各专业技术确认的备案文件。在绿色市政基础设施项目建设实施过程中，需要同步考虑施工过程的资源消耗控制与废物循环利用，以减少建筑废物的排放。

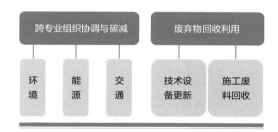

施工建造过程资源能源管控要点

I4-3 竣工验收

I4-3-1 总体竣工验收

绿色市政基础设施建设项目完成所有分项工程后，要根据国家有关法律法规及业主对项目的管理要求与诉求，聘请有相关资质单位或相关资历专家组成验收工作组，在开展建设项目的整体竣工验收前，针对绿色技术措施要重点审核，要做好绿色设施竣工验收材料的准备与汇报评审工作，要做好所有工程绿色施工资料的归档工作。

I4-3-2 组织绿色专项评估

绿色市政基础设施建设项目验收前，应由项目主管部门结合项目绿色目标组织绿色专项评估，目标和指标达到项目预期要求时，再进行后续项目总体验收相关事宜。

绿色市政基础设施项目的绿色专项验收，要在项目初期确定的绿色低碳目标值，特别是在核心参数、设备、材料、工法等方面的绿色低碳技术采用，通过评估论证的方式确定目标实现程度。

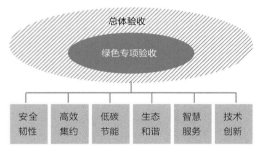

绿色专项评估要点及指标

I5
绿色运营

市政基础设施运营要践行绿色低碳，借助数字化工具智能化管控等多举措保护绿色市政基础设施运营；在项目寿命周期内，建设单位或其委托的第三方运营单位仍需根据工程项目类型、运营业务特征、环境条件等采取运行、维护、监控监管等方面的技术和管理措施，确保项目达到绿色设计目标及运维效能。

I5-1 调试运营

I5-1-1 调试培训

在建设项目正式竣工后，应开展绿色各专项的综合评估，重点评估绿色低碳理念的落实方式、绿色技术及相关措施，并进行记录验算，完成评估报告。在保证需求的情况下控制能源资源的消耗。项目建设完成并移交业主后，要对绿色运行维护与管理的专项技术开展技术培训。专业技术培训可采取技术交流、专家讲座及具体问题的针对性研讨等形式。

I5-1-2 维修保养

针对绿色市政基础设施建设项目，在移交后要注意做好相关基础设施及重点设备的日常运行监控和维修保养工作，确保绿色市政基础设施的正常运行。要制定专门的设施设备保养制度与工作台账，做到精益求精，切实为贯彻绿色低碳理念起到重要支撑保障作用。

I5-2 组织保障

I5-2-1 运行管控

绿色市政基础设施建设项目的运行与运营操作，涉及面广、工作量大，相关利益体相对复杂。在各专业基础设施运行过程中，要加强统一协调与目标管控。要充分发挥智能管控系统的强大计算能力与协调处置性能，对跨专业多阶段工程设施的运行统一进行数据采集、数据共享，决策支持及应急调度。特别是政府主管部门应对绿色市政基础设施进行系统平台建设协同管控，保证绿色市政基础设施的运营安全、高效、绿色、低碳，系统提升智慧化运行维护的水平和应急处置的能力。

I5-2-2 公众监督

在建设项目的实施与运行过程中，要把公众的真实感受放在更加重要的位置。做好公众宣传，展示绿色市政基础设施建设理念，以及服务于城市生命线保障和经济社会高质量发展的主要功能属性。要及时向公众披露项目运行信息，尤其是涉及环境质量、气候变化、城市安全等居民关切的重要信息，公开透明，做好舆情引导。要采取措施避免对公众正常工作和生活造成干扰及影响。

I6

项目解除

> 绿色市政基础设施建设项目达到正常使用年限或因不可抗力造成重大结构、功能损害无法继续履行工程设计目标的情况下，经有关部门通过相关程序审批后可进入拆解阶段；在工程项目拆解阶段，要做好设施拆除的专项工程方案，包括拆除工程施工安全保障、建筑废物处置等内容。

I6-1 拆除方案

I6-1-1 拆除方案编制

对绿色化更新的改造项目，需进行原有条件的检测和评估等基础研究，通过可行性研究、概念方案投资测算、经济性评估，编制既有市政基础设施项目的拆除方案。拆除工程施工应根据多领域跨专业各种类型设施组成成分、结构特征、占地条件，通过专用机械设备按拆除方案进行严格施工，过程中要做好施工场地封闭隔离、降噪降尘、环境保护等工作，防止对周边居民正常生产生活造成明显干扰。

I6-1-2 拆除施工安全保障

绿色市政基础设施涉及非常坚固的钢筋、混凝土，必须由具备爆破或拆除相应承包资质的单位施工。在拆除实施之前，应全面了解工程项目图纸和相关技术资料，通过现场勘察，识别重大风险，提出针对性安全保障措施。施工场地实行全封闭，周边设置醒目警示标识。对可能造成的环境临时性破坏风险，要制定相应的应急预案，全过程责任到人。

I6-2 废物处置

I6-2-1 废料回收利用

废料消纳回收是绿色市政基础设施在废弃拆除阶段的特有工作，废弃设施中含有的废弃钢材、工程塑料、平板玻璃等具有回收利用价值的废料，要统一收集、统一回收。要做到有效利用市政基础设施拆改过程中可循环利用的建筑材料，将之应用到市政基础设施建设的工程基础、工程结构或景观中。

主要参考文献

[1] 中华人民共和国国民经济和社会发展第十四个五年规划和2035年远景目标纲要[EB/OL]. [2021-03-13]. https://www.gov.cn/xinwen/2021-03/13/content_5592681.htm

[2] 中华人民共和国国务院新闻办公室. 白皮书：新时代的中国绿色发展[EB/OL]. [2023-01-19] https://www.gov.cn/zhengce/2023-01/19/content_5737923.htm.

[3] 中共中央办公厅，国务院办公厅. 关于推动城乡建设绿色发展的意见[EB/OL]. [2021-10-21]. https://www.gov.cn/zhengce/2021-10/21/content_5644083.htm.

[4] 住房和城乡建设部，国家发展改革委. "十四五"全国城市基础设施建设规划 [EB/OL]. [2022-07-07]. https://www.mohurd.gov.cn/gongkai/zhengce/zhengcefilelib/202207/20220729_767388.html.

[5] 中国建设科技集团，崔愷，刘恒. 绿色建筑设计导则 建筑专业[M]. 北京：中国建筑工业出版社，2021.

[6] 中国建设科技集团股份有限公司. 中国建设科技集团"十三五"科技发展报告[M]. 北京：中国计划出版社，2021.

[7] IPCC Task Force on National Greenhouse Gas Inventories. 2019 Refinement to the 2006 IPCC Guidelines for National Greenhouse Gas Inventories. Published：The Intergovernmental Panel on Climate Change（IPCC），Switzerland，2019.

[8] 中国城镇供水排水协会. 城镇水务2035年行业发展规划纲要[M]. 北京：中国建筑工业出版社，2021.

[9] 李圭白，瞿芳术，梁恒. 关于在城市饮水净化中采用绿色工艺的一些思考[J]. 给水排水，2014，40（8）：1-3.

[10] 邵益生，杨敏，等. 饮用水安全保障技术导则[M]. 北京：中国建筑工业出版社，2022.

[11] Ilje Pikaar, Jeremy Guest, Ramon Ganigué, et al. Resource Recovery from Water：Principles and Application[M]. IWA PUBLISHING, 2022.

[12] Jiuhui Qu, Xiaohu Dai, Hong-Ying Hu, et al. Emerging Trends and Prospects for Municipal Wastewater Management in China[J]. ACS ES&T Eng., 2022, 2（3），323-336.

[13] 曲久辉，任洪强，王凯军，等. 中国城市污水处理概念厂再出发[N]. 中国环境报，2021-01-07（07）.

[14] 国家水体污染控制与治理科技重大专项城市主题集成课题组. 有关城市水污染控制系统技术的一点认识[J]. 给水排水，2015（2）：1-3.

[15] 郑兴灿. 城镇污水高标准处理与利用[M]. 北京：中国建筑工业出版社，2023.

[16] 戴晓虎. 城镇污泥安全处理处置与资源化技术[M]. 北京：中国建筑工业出版社，2022.

[17] 张辰. 城镇污水处理厂污泥处理处置技术与装备[M]. 北京：中国建筑工业出版社，2018.

[18] Jenkins D, Wanner J. Activated Sludge -100 Years and Counting [M]. London（UK）：IWA Publishing, 2014.

[19] 住房和城乡建设部. 海绵城市建设技术指南——低影响开发雨水系统构建（试行）[S]. 北京：中国建筑工业出版社，2015.

[20] Water Environment Federation. Green Infrastructure Implementation. Water Environment Federation, Alexandria, VA, USA, 2014.

[21] 王宝贞，任南琪，隋军. 城市污染水体综合治理工程技术[M]. 北京：化学工业出版社，2021.

[22] 孙永利. 城镇污水处理提质增效的内涵与思路[J]. 中国给水排水，2020，36（02）：1-6.

[23]　季民，黎荣，刘洪波，等. 城市雨水控制工程与资源化利用 [M]，北京：化学工业出版社，2017.

[24]　郑兴灿，何强，陈一，张秀华，周健，尚巍. 城市河湖水体综合整治与品质提升技术研究及示范应用[J]. 中国给水排水，2022，38（10）：1-9.

[25]　孙永利，郑兴灿. 科学推进城市黑臭水体整治工作的几点建议[J]. 给水排水，2020，56（01）：1-3+56

[26]　中华人民共和国国务院新闻办公室. 白皮书：新时代的中国能源发展[EB/OL]. [2020-12-21]. https：//www.gov.cn/zhengce/2020-12/21/content_5571916.htm

[27]　丁仲礼. 碳中和对中国的挑战和机遇[J]. 中国新闻发布（实务版），2022（1）：16-23.

[28]　倪维斗，陈贞，李政. 我国能源现状及某些重要战略对策[J]. 中国能源，2008，30（12）：5.

[29]　高文学，杨林，李颜强，等. 城市燃气市政基础设施绿色发展理念 [J]. 煤气与热力，2019，39（8）：19-23.

[30]　国网（苏州）城市能源研究院，国网能源研究院，国网江苏省电力公司. 中国城市能源报告[R]. 2018.

[31]　孟明. 中国能源消费低碳化发展模型与政策[M]. 北京：科学出版社，2014.

[32]　华贲. 天然气与中国能源低碳转型战略[M]. 广州：华南理工大学出版社，2015.

[33]　Yang, X., Nielsen, C.P., Song, S. et al. Breaking the hard-to-abate bottleneck in China's path to carbon neutrality with clean hydrogen[J]. Nature Energy. 2022, 7, 955-965.

[34]　高文学，王艳，李颜强，等. 城市燃气市政基础设施绿色评价指标研究[J]. 煤气与热力，2019，39（9）：7.

[35]　郑贤斌. 中国智慧燃气现状，挑战及展望[J]. 天然气工业，2021，41（11）：152-160.

[36]　姜克隽. 中国电力行业绿色低碳路线图[M]. 北京：中国环境科学出版社，2011.

[37]　俞露. 低碳生态市政基础设施规划与管理[M]. 北京：中国建筑工业出版社，2018.

[38]　阮前途，梅生伟，黄兴德，等. 低碳城市电网韧性提升挑战与展望[J]. 中国电机工程学报，2022（008）：042.

[39]　王继峰. 城市综合交通体系规划回顾与展望[J]. 城市交通，2017，（04）：22-28.

[40]　过秀成，孔哲，叶茂. 大城市绿色交通技术政策体系研究[J]. 现代城市研究，2010，25（01）：11-15.

[41]　杨东援. 新基建背景下都市交通发展的新挑战——中国城市交通发展论坛第30次研讨会[J]. 城市交通，2022，20（05）：106-121。

[42]　陆化普，冯海霞. 交通领域实现碳中和的分析与思考[J]. 可持续发展经济导刊，2022（Z1）：63-67.

[43]　李忠锋. 中新天津生态城市基础设施设计新理念[M]. 北京：人民交通出版社，2018.

[44]　王海成，金娇，刘帅，等. 环境友好型绿色道路研究进展与展望[J]. 中南大学学报（自然科学版），2021，52（07）：2137-2169.

[45]　张金喜，苏词，王超，等. 道路基础设施建设中的节能减排问题及技术综述[J]. 北京工业大学学报，2022，48（03）：243-260.

[46]　孙烨，黄屹，冯林林，等. 基于海绵城市背景下的城市道路设计优化[J]. 给水排水，2020，56（06）：95-101.

[47]　韩振勇. 城市桥梁设计创新与实践[M]. 上海：上海科学技术出版社，2019.

[48]　周良，闫兴非等. 工业化装配式桥梁建造及实例[M]. 北京：人民交通出版社，2022.

[49]　雷建华，何旭辉. 峡谷地区铁路上承式钢管混凝土拱桥绿色施工技术[J]. 铁道科学与工程学报，2020，17（12）：3104-3110.

[50] 林龙，冯忠居，罗新才，等. 公路桥梁绿色排水体系设计计算[J]. 给水排水，2022，58（S1）：34-39+44.

[51] 孙策. 城市桥梁预制装配化绿色建造技术应用与发展[J]. 世界桥梁，2021，49（01）：39-44.

[52] 邓文辉，王亚斯，陈勇，等. 低碳理念下绿色城市隧道技术体系探究[J]. 绿色建筑，2022，14（05）：17-20.

[53] 黄俊，张忠宇，李志远，等. 绿色隧道技术发展研究与应用[J]. 现代交通技术，2021，18（03）：51-57.

[54] 《中国公路学报》编辑部.中国交通隧道工程学术研究综述·2022[J]. 中国公路学报，2022，35（04）：1-40.

[55] 王玉文，廖志鹏，夏杨于雨，等. 公路隧道照明节能关键技术[M]. 四川：西南交通大学出版社，2021.

[56] 吴震，王国举，何娅兰. 智慧公路隧道综述[J]. 四川建筑，2022，42（04）：81-84.

[57] Xiaoqing Zeng, Xiongyao Xie, Jian Sun, et al. International Symposium for Intelligent Transportation and Smart City（ITASC）2019 Proceedings[M]. Springer, Singapore：2019.

[58] 史海欧，张志良，王建. 城市轨道交通设计BIM技术应用研究与实践. 四川：西南交通大学出版社，2021.

[59] 杨秀仁等. 城市轨道交通轨道工程技术与应用[M]. 北京：中国建筑工业出版社，2016.

[60] 魏庆朝，潘姿华，臧传臻. 城市轨道交通制式分类及适用性[J]. 都市快轨交通，2017，30（1）.

[61] 樊佳慧，张琛，卢恺，等. 2015年中国城市轨道交通运营线路统计与分析[J]. 都市快轨交通，2016，29（1）：1-3.

[62] 刘云，徐永刚. 城市轨道交通与换乘接驳设施协同建设研究[J]. 都市快轨交通，2015，28（4）：27-32.

[63] 赵瑞明. 城市轨道交通沿线及周边物业开发与实践研究[D]. 长春：吉林建筑大学，2018.

[64] 区绮雯，任小蔚. 探索面向实施的复合型地下综合体规划实践：以广州番禺区万博商务核心区地下空间建设规划为例[J]. 理想空间，2015，09（68）.

[65] 简海云，申峻霞，林晓蓉. EOD模式下昆明城市居住空间与价值分布初探—基于房价大数据的视角[J]. 建设科技，2020，9：18-22.

[66] 叶锺楠，吴志强. 城市诊断的概念、思想基础和发展思考[J]. 城市规划，2022，1.

[67] 张利，邓慧姝，梅笑寒，等. 城市人因工程学：一种关于人的空间体验质量的设计科学[J]. 科学通报，2022年6月，67（16）.

[68] 彭一刚. 建筑空间组合论[M]. 北京：中国建筑工业出版社，2008.

[69] 孟兆祯. 园衍 珍藏版[M]. 北京：中国建筑工业出版社，2015.

[70] 陈建宇. 浅谈乡土植物在园林中种植与应用[J]. 农业科技，2019（11）：162-163.

[71] 吴为廉. 景观与景园建筑工程规划设计[M]. 北京：中国建筑工业出版社，2005.

[72] 王向荣，林箐. 多义景观[M]. 北京：中国建筑工业出版社，2012.

[73] 何昉. 中国绿道规划设计理论与实践[M]. 北京：中国建筑工业出版社，2020.

[74] 张金松，李旭，张炜博，等. 智慧水务视角下水务数字化转型的挑战与实践[J]. 给水排水,2021,47（6）:1-8.

[75] 中国测绘学会智慧城市工作委员会. 智慧水务应用与发展[M]. 北京：中国电力出版社，2021.

[76] 中国测绘学会智慧城市工作委员会. 实景三维应用与发展[M]. 北京：中国电力出版社，2023.

图书在版编目（CIP）数据

绿色市政基础设施技术指南 = GREEN MUNICIPAL
INFRASTRUCTURE TECHNICAL GUIDELINES. 下册，市政交
通 / 道路 / 桥梁 / 轨道交通 / 隧道 / 空间 / 景观 / 智慧专业 / 中
国建设科技集团编著；郑兴灿主编 . — 北京：中国建
筑工业出版社，2023.11
（新时代高质量发展绿色城乡建设技术丛书）
ISBN 978-7-112-29255-4

Ⅰ . ①绿⋯ Ⅱ . ①中⋯ ②郑⋯ Ⅲ . ①市政工程—基
础设施建设—无污染技术—指南 Ⅳ . ①TU99-62

中国国家版本馆CIP数据核字（2023）第184155号